国外国防科技年度发展报告（2021）

先进材料领域科技发展报告

XIAN JIN CAI LIAO LING YU KE JI FA ZHAN BAO GAO

中国兵器工业集团第二一〇研究所

国防工業出版社

·北京·

图书在版编目（CIP）数据

先进材料领域科技发展报告/中国兵器工业集团第二一〇研究所编著. —北京：国防工业出版社，2023.7

（国外国防科技年度发展报告. 2021）

ISBN 978 - 7 - 118 - 12941 - 0

Ⅰ. ①先…　Ⅱ. ①中…　Ⅲ. ①材料科学 - 科技发展 - 研究报告 - 世界 - 2021　Ⅳ. ①TB3

中国国家版本馆 CIP 数据核字（2023）第 117824 号

先进材料领域科技发展报告

编　　者　中国兵器工业集团第二一〇研究所
责任编辑　汪淳
出版发行　国防工业出版社
地　　址　北京市海淀区紫竹院南路 23 号　100048
印　　刷　北京龙世杰印刷有限公司
开　　本　710 × 1000　1/16
印　　张　16½
字　　数　182 千字
版 印 次　2023 年 7 月第 1 版第 1 次印刷
定　　价　116.00 元

《国外国防科技年度发展报告》

（2021）

编 委 会

《先进材料领域科技发展报告》

编 辑 部

主　　编 沈　卫

副主编 李　静　宋　乐

编　　辑

胡阳旭　许凤泉　高京京　胡靖伟

王　勇　郭瑞萍

《先进材料领域科技发展报告》

审稿人员（按姓氏笔画排序）

王　磊　王三勇　王银赛　方　勇
柳朝阳　高　原　梁秀兵　韩昌报

撰稿人员（按姓氏笔画排序）

马荣芳　王　勇　王　敏　仇若萌
方　楠　李　静　李虹琳　李晓洁
吴梦露　张　慧　张馨玉　陕临喆
胡阳旭　徐劲松　高　唯　郭广平
郭瑞萍

编写说明

科学技术是军事发展中最活跃、最具革命性的因素，每一次重大科技进步和创新都会引起战争形态和作战方式的深刻变革。当前，以人工智能技术、网络信息技术、生物交叉技术、新材料技术等为代表的高新技术群迅猛发展，波及全球、涉及所有军事领域。智者，思于远虑。以美国为代表的西方军事强国着眼争夺未来战场的战略主动权，积极推进高投入、高风险、高回报的前沿科技创新，大力发展能够大幅提升军事能力优势的颠覆性技术。

为帮助广大读者全面、深入了解国外国防科技发展的最新动向，我们以开放、包容、协作、共享的理念，组织国内科技信息研究机构共同开展世界主要国家国防科技发展跟踪研究，并在此基础上共同编撰了《国外国防科技年度发展报告》（2021）。该系列报告旨在通过跟踪研究世界军事强国国防科技发展态势，理清发展方向和重点，形成一批具有参考使用价值的研究成果，希冀能为实现创新超越提供有力的科技信息支撑。

由于编写时间仓促，且受信息来源、研究经验和编写能力所限，疏漏和不当之处在所难免，敬请广大读者批评指正。

军事科学院军事科学信息研究中心
2022 年 4 月

前　言

材料是武器装备发展的物质基础和技术先导。材料技术的不断进步为航空、航天、舰船、地面车辆等武器装备的改进改型和更新换代奠定了坚实的基础，一直备受世界各国的高度重视。为帮助广大读者全面、深入地了解国外军用先进材料技术发展的最新动向和进展，我们组织中国航天系统科学与工程研究院、中国航空发动机集团北京航空材料研究所、中国船舶集团第七一四研究所、中国电子技术标准化研究院、中国核科技信息与经济研究院等单位有关研究人员，共同编撰了《先进材料领域科技发展报告》。

本书由综合动向分析、重要专题分析和附录三部分构成。综合动向分析部分在评述 2021 年国外先进材料技术领域的总体发展态势之后，分领域概述了 2021 年航天、航空、舰船、兵器装备用先进结构材料和特种功能材料以及电子信息功能材料和核材料的重要进展；重要专题分析部分围绕超疏水、陶瓷复合材料、碳纤维复合材料、纳米超轻材料、新型高温铝铈合金、高性能防护材料、氮化镓半导体材料、拓扑绝缘材料以及高丰度低浓铀和耐事故燃料技术等热点开展专项分析；附录部分包括年度十大事件或技术、重要战略规划文件和重大项目清单等内容。

由于先进材料技术涉及专业领域多、范围广，且受时间、信息来源以及分析研究能力所限，错误和疏漏之处在所难免，敬请广大读者批评指正。

编者

2022 年 5 月

目　录

综合动向分析

重要专题分析

附录

ZONG HE

DONG XI ANG FEN XI

综合动向分析

2021 年先进材料领域科技发展综述

先进材料是国防科技创新发展的重要基础领域之一，是决定武器装备战技性能、可靠性和经济可承受性的重要因素，多年来一直备受世界各国的广泛关注。2021 年，美国及欧洲等国家积极推动军用先进材料技术的快速发展和多领域应用。其中，美国发布 2021 年《国家纳米技术发展战略计划》和 2021 年《材料基因组计划战略规划》，英国发布《英国创新战略：创新引领未来》，以推动材料基础设施规范建设，加强新材料技术研发，提高创新能力。特种功能材料在隐身防护、热防护、舰船耐污耐蚀以及电磁防护等方面取得多项突破；功能化低维化复合材料技术研发活跃，应用范围继续拓展；数字化军服用新型纤维织物功能不断拓展；氮化镓器件首次实现军事应用；二维材料聚焦量子信息和高温超导等前沿应用；适用于 3D 打印的新材料不断涌现，推动其在航空发动机、地面车辆和士兵装备等军事方面的广泛应用，为未来装备实现按需制备奠定了坚实基础。

一、美英加强材料基础设施建设，推动人工智能数据利用与人才发展

2021 年，美、英两国发布战略规划，旨在推动材料基础设施规范建设，

加强人工智能与数据利用，建设高质量的材料研发人才队伍，致力于保持在材料研发领域的领先地位。

（一）美国推动纳米技术与材料基因组计划发展

2021 年 10 月，美国发布 2021 年《国家纳米技术发展战略计划》，概述了未来五年发展目标（图 1）：一是推动世界一流的纳米技术研发，确保美国在纳米技术研发方面保持世界领先地位；二是利用材料基础设施支持纳米技术研发与应用；三是加强纳米技术研发队伍建设；四是推动纳米技术商业化，以确保实现经济、环境和社会效益。11 月，美国发布 2021 年版《材料基因组计划战略规划》，确立了未来 5 年 3 个主要发展目标：一是统一规范材料创新基础设施建设；二是发挥材料数据的作用；三是教育和培养材料研发人才。美国将致力于推动国家计算基础设施的发展，支持跨学科计算研究以及工具共享与开发；培育国家材料数据网络；通过国家级大项目推动材料创新基础设施的利用；同时，利用人工智能加速材料研发与应用；培养下一代材料研发人才并为人才创造机遇，促进知识的交叉融合。与 2014 年版的美国材料基因组计划相比，2021 年新版战略规划则压缩为材料创新基础设施、材料数据和人员培养 3 个目标。该战略规划，更加强调材料基因组计划推动材料创新的潜力，尤其是推动新材料投入使用方面（图 2）。

（二）英国加强新材料技术研发，提高创新能力

2021 年 7 月，英国发布《英国创新战略：创新引领未来》。该战略将先进材料与制造技术列为 7 项关键技术之一，指明了未来 4 个材料技术发展重点领域，分别是超材料、二维材料、智能仿生自修复材料、复合材料结构与涂层技术。通过这些创新技术开发，有望实现结构紧凑、轻量化的 5G 天线，提高电动汽车电池效率，创造出更牢固、更轻质、更耐久的结构，实现先进材料的批量制造。该战略将安全性评估和可持续性发展融入材料设

计与创新之中，激发工业领域的创造性，推动私营部门投资，巩固英国在全球创新竞争中的领先地位。

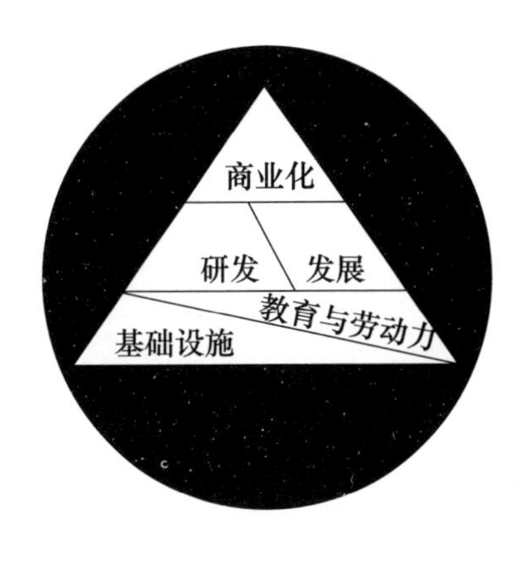

图 1　美国国家纳米技术发展目标

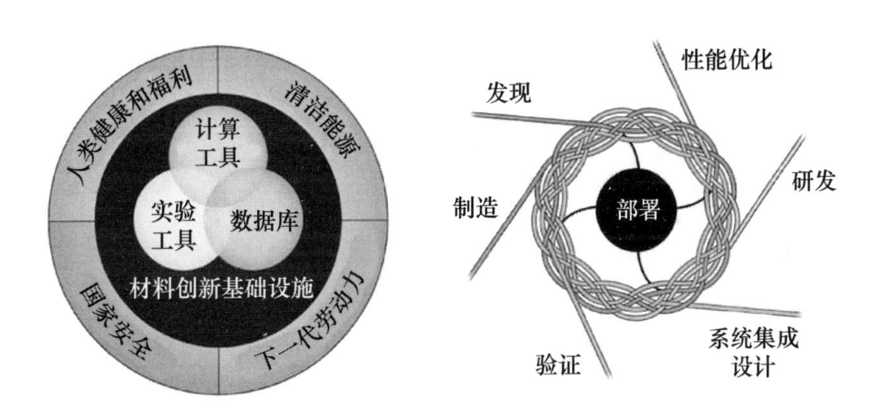

图 2　新规划强调材料创新基础设施发挥的作用

二、特种功能材料在隐身与防护方面取得创新突破，将显著提升士兵与武器平台生存力

2021 年，特种功能材料在隐身防护、热防护、激光防护、耐腐蚀防护、

电磁防护、核防护等方面取得多项突破，将变革下一代隐身飞机设计，为军用护目镜、传感器以及飞机驾驶员提供激光防护功能，提升舰船等装备的耐蚀防污性能，延长装备使用寿命，提高士兵与武器平台的生存力。

（一）新型陶瓷复合吸波涂层有望变革下一代隐身飞机设计

当前隐身飞机用聚合物雷达吸波材料可吸收70%～80%的雷达波能量，使飞机极难被雷达探测到，但存在明显局限性。美国北卡罗莱纳州立大学开发出一种新型雷达吸波材料，该材料是氧化钇/氧化锆纤维增强的碳氮化硅陶瓷材料，能吸收90%以上的雷达波能量，在高达1800℃或低至－100℃的温度下仍能保持雷达波吸收特性。该材料制备工艺简单，将液态陶瓷前驱体喷到飞机表面，陶瓷前驱体产生一系列化学反应，最终转变为固体陶瓷，整个过程仅需一到两天。而且材料坚韧性和耐温性好，将使飞机设计不受传统聚合物蒙皮脆性限制，有利于设计新一代隐身飞机。

（二）高性能热障涂层有望用于高超声速飞行器和火箭推进系统

当前开发的二硼化铪－碳化硅热障涂层材料断裂韧性和抗热震性不理想。俄罗斯科学院开发出一种石墨烯改性的二硼化铪－碳化硅复合陶瓷热障涂层，并研究了涂层长期（2000秒）暴露在超声速气流下的抗氧化性能（图3）。实验发现，添加石墨烯后，二硼化铪－碳化硅复合陶瓷在热通量为779瓦/厘米^{2}气流加热下，表面温度不超过1700℃，相比于未添加石墨烯的二硼化铪－碳化硅陶瓷体系降低了650～700℃。该技术为耐高温复合陶瓷热障涂层在高超声速飞行器和推进系统热负荷部件等领域的广泛应用开辟了道路。

（三）先进石墨烯涂层为护目镜和传感器提供激光防护功能

英国先进材料开发公司获得美国国防部非正规战技术支持局的开发合同，基于石墨烯材料和光子晶体技术，开发激光防护涂层。基于光子晶体超晶格和纳米材料的多频分层超材料薄膜与涂层，能够过滤特定波长的光，同时在其余光谱中保持透明，且具有更清晰的频率响应、更高的稳定性、成本更低。该涂层可用于面罩、护目镜、相机和传感器中，提供激光防护功能，还可用于飞机驾驶舱挡风玻璃，使飞行员免受定向能武器伤害。

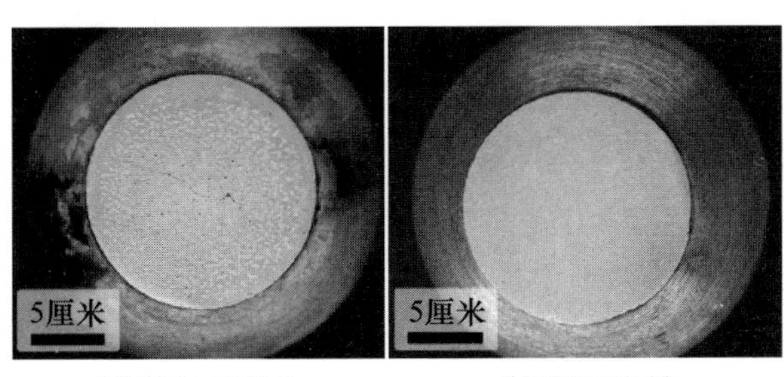

(a)未添加石墨烯　　(b)添加石墨烯

图3　暴露于超声速气流后热障涂层表面形态对比

（四）自修复涂层显著提升舰船防污耐蚀性能与核防护性能

在美国海军研究局资助下，伊利诺伊大学研制出具有良好自修复性的超疏水涂层。该涂层是将硼酸溶于异丙醇中，再向其中加入聚（二甲基硅氧烷）二醇并加热搅拌后形成混合溶液，然后将其旋涂于基板上，形成纳米级厚度的涂层。该涂层具有超疏水性和光学透明性，针孔和划痕等机械损伤不会影响其性能，且涂层不含氟，环保性好易回收。美国莱斯大学制备出硫硒化合物自修复防腐涂层（图4）。该涂层具有卓越的抗腐蚀性能，对海洋浮游生物的抑制效率达99.99%。俄罗斯托木斯克理工大学开发出一种独特的用于辐射防护的自修复锆－铌多层复合纳米涂层，该涂层厚度约100纳米，为5层复合结构，是通过磁控溅射技术制备的，能独立修复辐射损伤，不仅能提高核设施安全性，还能有效保护电子设备免受辐射损害。

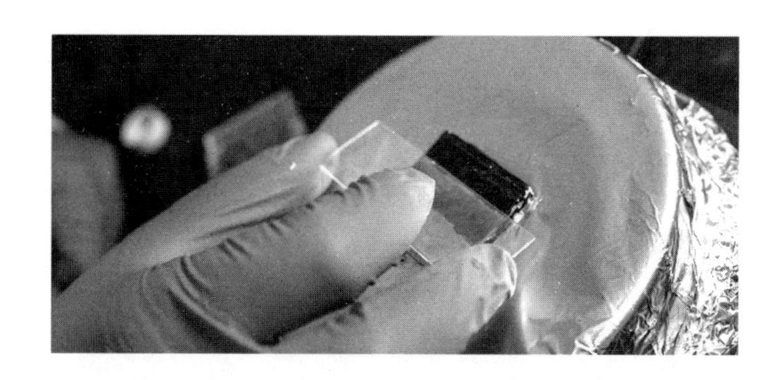

图4　研究人员将硫硒化合物涂层涂覆到钢上

（五）石墨烯/聚合物纳米层压材料在太赫兹频段实现高电磁屏蔽性能

希腊和意大利的联合研究团队在纳米层状结构聚合物复合材料中加入厘米级大小的石墨烯薄片作为增强填料，并通过迭代“剥离/漂浮”工艺，制得厘米级气相沉积石墨烯/聚甲基丙烯酸甲酯（PMMA）纳米层压板（图5）。该材料在太赫兹范围内显示出高电磁屏蔽效能，厚度33微米时屏蔽效果达60分贝，单位重量和厚度的绝对电磁屏蔽效率接近3×10^5分贝·厘米^2·克$^{-1}$。这是迄今为止合成的非金属材料所能达到的最高电磁屏蔽效率，为开发用于航空航天、车辆及多种电子器件的高性能纳米层压板奠定了基础。

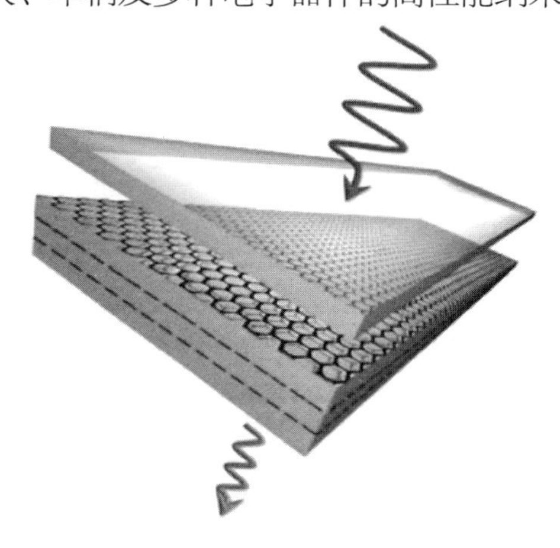

图5　用于电磁屏蔽的石墨烯/聚合物纳米层压材料示意图

三、功能化低维化复合材料技术研发活跃，应用范围继续拓展

先进复合材料在减轻武器装备重量、提高武器装备性能、赋予武器装备结构性和多功能性等方面发挥着重要作用，是当前和未来的发展重点。其研发热点是通过纳米改性和制备工艺创新，不断提升复合材料性能并降低成本。2021 年，纤维增强树脂基复合材料技术领域依然重视复合材料的纳米增强和多功能化发展，并注重其在舰船和兵器领域新应用的开发。

（一）通过纳米增强技术大大提升复合材料综合性能

利用各种纳米结构增强技术，能够大大改善纤维增强体与基体之间的界面性质，大大提升复合材料力学性能。例如，NASA 研制出的碳纳米管复合材料，其强度提高到碳纤维复合材料的 1.5 ~ 2 倍。麻省理工学院在美国陆军和海军的资助下研究出一种新型纳米材料网格结构，这种网格结构可以更好地分散微小弹丸的冲击力（图 6），对微小弹丸具有强大的防御能力，

图 6　不同尺度下微粒冲击试验照片

未来有望用于制造更轻、更坚固的防弹装甲，以抵御速度高达28164千米/小时的太空碎片冲击，延长卫星和航天器的使用寿命。2021年11月，沙特阿拉伯研究人员通过将碳纤维/玻璃纤维的混杂纤维与氧化铝陶瓷纳米颗粒以及石墨烯纳米片相结合，制成了一种专门用于航空结构件的混合纤维增强聚合物材料。其表现出更好的力学性能和微观结构性能，将有助于生产具有优异性能的航空薄壁结构件。

（二）注重复合材料的多功能性发展

材料的结构多功能一体化已经成为武器装备减重、系统集成需求发展的必然趋势。2021年，国外仍注重先进复合材料的多功能化发展，使复合材料具有结构/抗弹/防爆/电磁屏蔽等多种功能。例如，美国空军实验室密歇根州立大学复合车辆研究中心研发出石墨烯纳米片增强树脂基复合材料，未来可用作地面车辆的抗弹防爆结构多功能复合材料。麻省理工学院在美国海军研究署资助下，制备出可抵抗超声速微粒冲击的纳米材料，最高可捕获820米/秒的二氧化硅微粒，抗冲击性能比纳米聚苯乙烯高75%，比凯芙拉复合材料高72%，有望作为新型防爆材料，用于制造轻质结构装甲。美国威乐技术公司已与美国海军空战中心武器部签订合同，加速开发下一代先进固体火箭发动机用复合材料壳体，旨在提高水面发射的战术导弹系统的高结构载荷、高气动热、电磁环境影响和雷击防护能力，将能够满足下一代固体火箭发动机的性能、重量和多功能要求。

（三）继续开拓先进复合材料技术的军事应用领域

2021年，美、英、俄等国均在积极推进先进树脂基复合材料在舰船和兵器领域的应用研究。例如，俄罗斯正在建造的首艘隐身20386型“水星”号护卫舰（图7）就采用了碳纤维和玻璃纤维增强的多层夹芯复合材料，并涂覆雷达吸收涂层，预计还将使用特殊涂料以达到完全隐身的效果。英国格洛斯特公司已为“维斯比”级护卫舰、23型护卫舰和“伊丽莎白女王”号航空母舰等海军舰艇提供高强度玻璃纤维增强复合材料部件，包括支柱、甲板护栏安全网架和梯子系统。该公司还研制出一种耐火型船用玻璃纤维增强复合材料，其弯曲强度达720兆帕，拉伸强度可达600兆帕，同时达到国防部的防火、防烟和防毒性（FST）标准。此外，美国海军陆战队完成12.7毫米复合材料弹壳枪弹（图8）的实验室环境性能验证，准备进入战场试验阶段。美国陆军也在开展不同口径复合材料弹壳枪弹的研制和试验。相比黄铜弹壳，复合材料弹壳枪弹（12.7毫米）减重达25%以上，制造成本比金属弹壳低30%～50%。

图7　俄罗斯20386型隐身护卫舰

图8　12.7毫米复合材料弹壳枪弹

四、新型纤维织物功能不断拓展，促进数字化高性能军服技术发展

世界主要军事国家特别关注为士兵配备先进的数字化、智能化军服，以提高士兵作战能力。传感器和执行器技术的不断发展使微型电子产品可以集成到纤维织物中，推动智能化军服发展。

（一）世界首例数字纤维可实现生理监测与数据存储功能

在美国陆军士兵纳米技术研究所等机构支持下，麻省理工学院首次制备出具有数据存储和处理功能的纤维（图9）。该纤维包含温度传感器和神经网络，能够感知、存储、分析和预测人体活动，执行生理监测、医疗诊断和早期疾病检测等功能。其制备过程是，先将数百块微尺度方形硅数字芯片放入预成型件中，然后用预成型件制造聚合物纤维；通过精确控制聚合物流动，能够制造出长数十米、内部芯片之间具有连续电连接的纤维。这种纤维本身很薄且具有柔性，洗涤10次以上也不会损坏，为创造第一件数字化军服铺平了道路，并为最终发展出数字纤维计算机奠定基础。

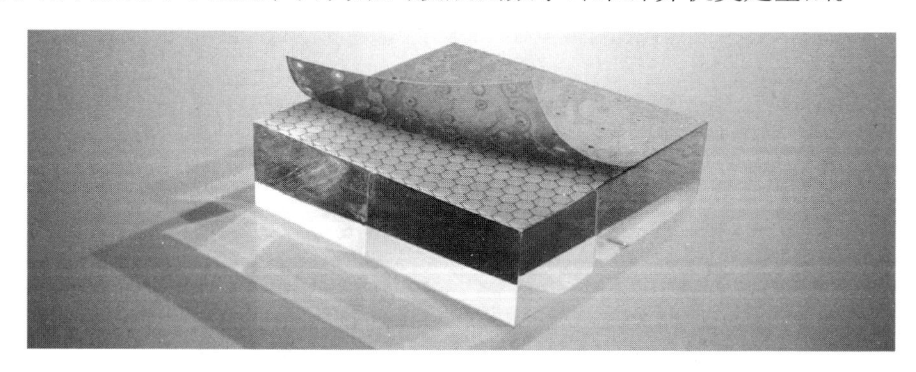

图9　麻省理工学院开发出可编程数字纤维

（二）声学织物可检测太空碎片对航天器的冲击

美国陆军研究实验室和麻省理工学院开发出一种对振动非常敏感的声学织物。该织物包含热拉伸振动敏感纤维，能够将机械振动能量转化为电能。当微流星体或太空碎片撞击织物时，织物会振动，声波纤维产生电信号，以此来探测微小的高速空间物质冲击。利用这种声学织物可以制造出大面积结构，精确测量微流星体和以 1 千米/秒的速度移动的太空碎片对航天器的冲击，还可用于航天服提供体外感知数据，并将这些数据映射到穿戴者皮肤上的触觉驱动器，帮助航天员获得触觉（图 10）。

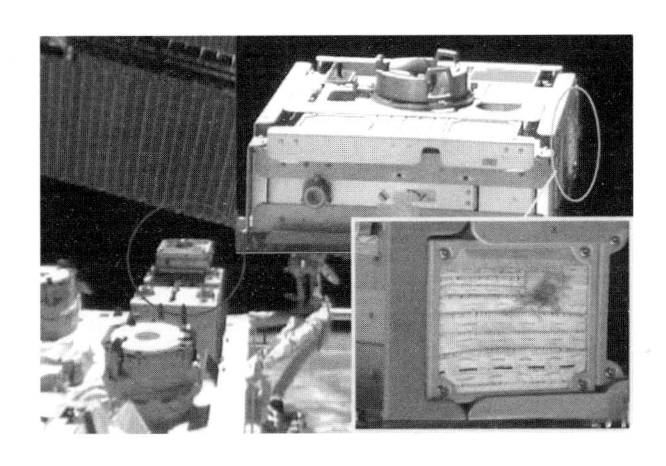

图 10　先进声学织物将在国际空间站进行测试

（三）刚性可调的锁子甲织物为士兵提供冲击防护和承载能力

新加坡南洋理工大学与美国加州理工大学联合开发出一种新型锁子甲织物。这种织物结构是空心八面体互锁结构，由尼龙塑料聚合物 3D 打印而成（图 11）。将这种柔性织物用塑料袋进行真空封装后，它会变成一种刚性结构，其刚性要比未封装的松散结构高 25 倍，可承受织物自身重量50 倍以上的载荷。该织物可用于防弹或防刺背心、医疗器械、防护性外骨骼以及机器人系统，保护穿戴者免受冲击损伤或提高穿戴者的承重能力，为下一代智能织物的发展开辟新途径。

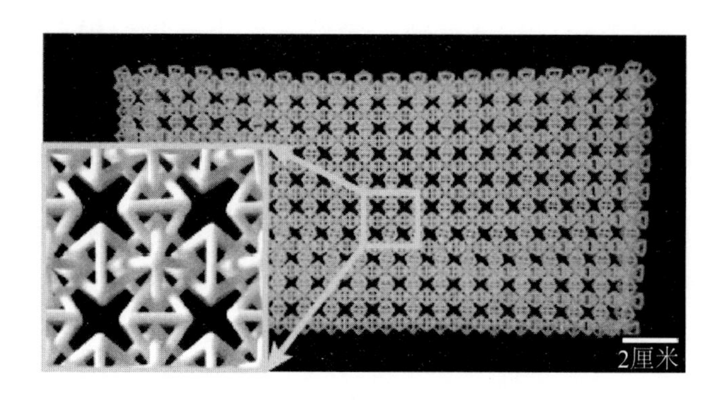

图 11　3D 打印的锁子甲织物

五、宽禁带半导体加速发展，氮化镓器件实现军事应用

宽禁带半导体具有高频、高效、高功率、耐高压、耐高温、抗辐射等优异性能，适用于通信和雷达等应用领域，能够以效率优势带来节能优势，成为各国争相发展的技术热点。2021 年，碳化硅基半导体技术与氮化镓技术都取得了长足进步。

（一）积极推进碳化硅基半导体技术应用

美国马科姆公司与空军签订技术协议，合作研发碳化硅基氮化镓（GaN－on－SiC）技术，将空军的0.14 微米工艺转移到马科姆公司进行生产，以提升功率器件的频率和功率密度。瑞典氮化镓公司与德国和英国研究机构合作，正在开展“欧洲 Ka 波段高功率固态技术”项目研究，利用碳化硅基氮化镓外延材料实现高效、高性能的 Ka 波段氮化镓单片微波集成电路，用于卫星通信、5G 基站以及雷达。美国陆军为阿肯色大学的国家碳化硅设施提供500 万美元资金，用于制造碳化硅半导体器件、传感器和更节能、更耐热的集成电路，开发紧凑而坚固的电子设备，解决国防领域关键的半导体技术挑战。

（二）氮化镓材料首次用于机载火控雷达

2021年4月，美国雷声公司透露，其在美国海军陆战队的F/A－18C“大黄蜂”战斗机上换装了采用氮化镓半导体材料的AN/APG－79（V）4有源相控阵雷达，首次实现了氮化镓材料在机载火控雷达中的应用（图12）。氮化镓相对于砷化镓具有更高的功率附加效率，可在相同尺寸、孔径和功率总量的情况下，将雷达探测距离增加约一倍，使F/A－18A～D获得与当前F/A－18E/F相当的雷达探测能力。

图12　美国海军陆战队F/A－18C战斗机换装AN/APG－79（V）4有源相控阵雷达

六、二维材料促进电子器件创新和小型化，聚焦量子信息和高温超导等前沿应用

二维电子材料由于其结构的特殊性，比常规电子材料具备更多的量子

纠缠、量子相干、电子自旋等物理特性，在量子信息、电子自旋、高温超导等领域显示出巨大发展潜力，是2021年二维材料发展热点。

（一）二维材料助力低功耗高速电子器件技术创新与性能提升

荷兰格罗宁根大学和美国哥伦比亚大学利用磁性石墨烯研制出具有双层异质结结构的自旋逻辑存储器。磁性石墨烯具有非常大的自旋极化，电导率为14%，再加上石墨烯出色的电荷和自旋输运特性，允许实现全石墨烯二维自旋逻辑电路。美国北卡罗莱纳州立大学利用二维混合金属卤化物丁基铵铅碘开发出新型电子器件。该器件将二维混合金属卤化物（图13）

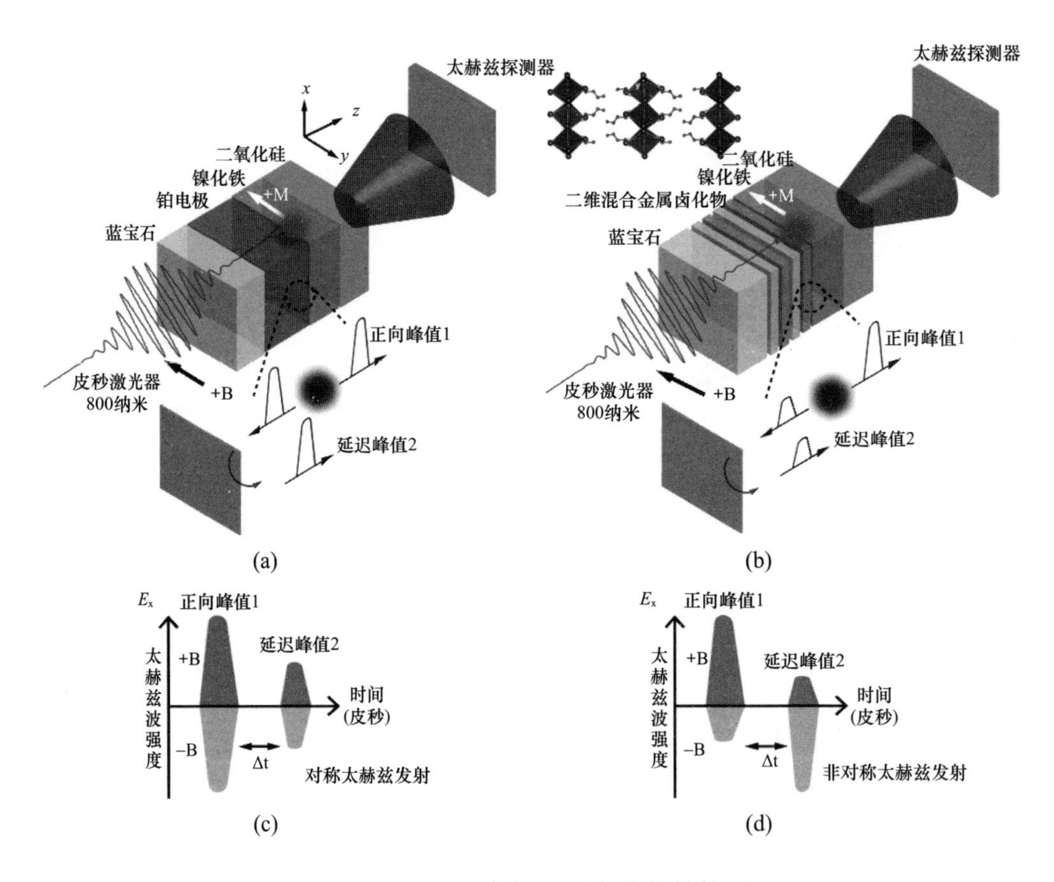

图13　二维混合物金属卤化物结构图

与铁磁金属分层，然后用激光激发产生超快自旋电流，进而产生比传统太赫兹发射器频带更宽的太赫兹辐射。还可通过修改激光脉冲的速度和磁场方向来控制太赫兹的发射方向。

（二）二维材料量子位推进量子计算机小型化发展

美国麻省理工学院利用二硒化铌和氮化硼创建量子位，建造了平行板电容器，实现了高达25微秒的更长相干时间。哥伦比亚大学将氮化硼的绝缘层夹在两层超导二硒化铌之间形成电容器，并将该电容器与铝电路结合，创建了包含两个量子位的芯片（图14），其面积为109微米^2，厚度只有35纳米，是传统方法生产的芯片的1/1000。芬兰阿尔托大学创造了一种不含稀土金属元素但具有量子特性的新型双层二维材料二硫化钽，其中一层表现得像金属，传导电子，另一层结构发生了变化，使电子局域化到规则晶格中，有助于构建对外界噪声和扰动更稳健的量子位，减少量子计算机的错误率。这种新材料相对容易制造，可以为量子计算提供一个新的平台，并推进非常规超导和量子临界研究。

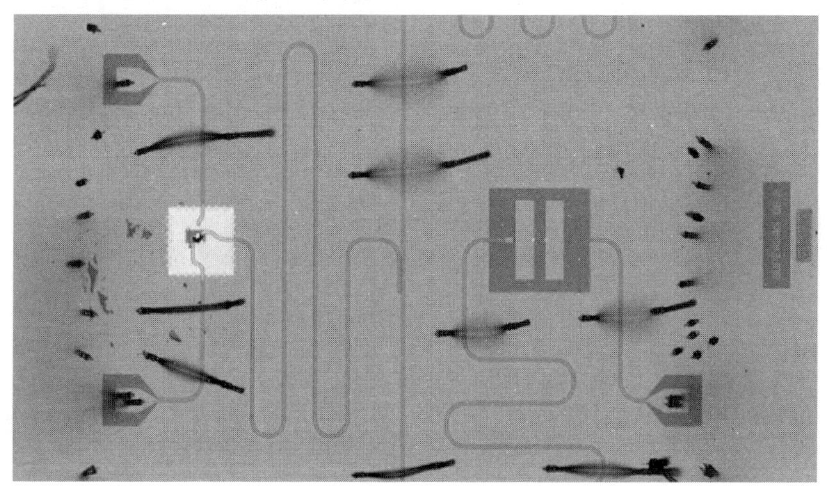

图14　二硒化铌—氮化硼超导量子比特芯片的光学显微图

（三）“魔角”石墨烯开启高温超导与量子研究新领域

“魔角”石墨烯技术是将两层原本不具超导性的石墨烯通过扭转 1.1°(魔角)，实现碳基材料中电压可调控的本征二维超导（图 15），且其转变温度比液氦温度稍低。美国麻省理工学院在“魔角”石墨烯研究领域推出多项创新成果，一是在“魔角”双层石墨烯系统中发现了新的电子形态，构建了该系统的复杂相图，丰富了该系统的物理内涵；二是通过精巧的实验设计为研究“魔角”石墨烯中关联电子的热动力学行为提供了思路；三是研究了“魔角”石墨烯中电子及磁矩运动微观机制，有助于对该体系奇异性质进行形象化思考。“魔角”石墨烯能够实现包括超导态在内的多种量子态并存的物理现象，其未来技术发展和应用潜力值得特别关注。

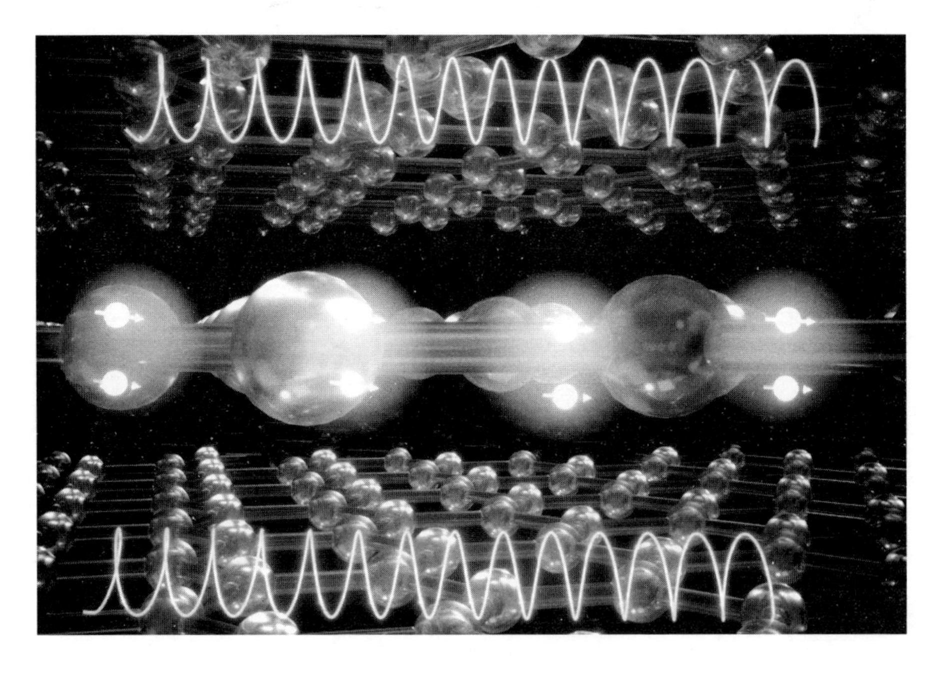

图 15　“魔角”石墨烯中的二维超导

七、适用于3D打印技术的新材料不断涌现，推动国防领域应用

近年来，开发满足不同用途要求的多品种3D打印材料受到广泛关注。2021年，美国及欧洲等国家研究人员均研发出适用于3D打印技术的金属新材料，推动3D打印技术在国防领域的广泛应用。

（一）美、意研制出适用于3D打印的发动机高强度高温合金

2021年，美国橡树岭国家实验室和意大利BEAMIT集团均开发出适用于3D打印技术的高温合金，有望突破传统镍基高温合金制造壁垒，为飞机发动机和燃气轮机涡轮叶片等结构部件灵活高效制造开辟新途径。其中，美国橡树岭国家实验室开发出的SB－CoNi－10合金是一种新型高强度、抗缺陷钴镍基高温合金，是通过在一种传统镍基高温合金中加入钴元素，经过真空感应熔化和氩气雾化工艺制备得到的一种合金粉末，钴元素的加入可以降低增材制造工艺中反复加热与冷却成形时产生裂纹的概率。该合金极限拉伸强度达1.28吉帕，延伸率超过13%，适用于电子束选区熔化和选择性激光熔融两种工艺进行无裂纹3D打印（图16）。意大利BEAMIT集团开发出一种新型镍基高温合金René 80 RAM1，该合金是通过反应性增材制造技术对传统René 80镍基高温合金粉末进行改性，随后利用激光束粉末床融合工艺制备而成，解决了传统René 80镍基高温合金3D打印存在的易出现微裂纹、密度不均等诸多问题。随着该技术的完善，有望取代传统镍基高温合金而应用于航空发动机高、低压涡轮盘、封严盘和挡板等关键部件，为未来军用航空发动机带来更大的性能提升。

（二）美国陆军开发出3D打印高强度镁合金结构

2021年，美国陆军研究实验室开发出3D打印高强度镁合金结构。通过

(a)适用于电子束选区熔化的3D打印材料

(b)适用于选择性激光熔融的3D打印材料

图 16 适用于不同 3D 打印技术的金属材料

设计镁合金微网格结构，优化网格单元类型、网格支杆直径和单元格数量，利用激光粉末床熔融 3D 打印工艺，制造出 24 种不同的微网格结构，并对镁合金微网格结构的抗压强度和失效模式进行了表征，确定了最佳工艺参数及结构件的压缩性能和断裂模式。未来，陆军研究人员将评估 3D 打印镁合金的高应变率性能和弹道性能，并将其用于超轻无人机和无人车上。该研究成果能实现密度更高的镁合金结构，大幅减轻未来士兵装备零部件重量，在战场上按需交付关键零部件，减轻后勤负担，满足美国陆军武器系统关键的减重需求。

（三）通过添加石墨烯提升 3D 打印铜的机械性能和密度

2021 年 2 月，瑞典乌普萨拉大学的研究人员与 Graphmatech 公司的石墨烯专家合作开发出一种适用于 3D 打印的新型铜粉（图 17）。使用 Graphmatech 专有的涂层技术在铜粉微粒的外表面覆盖一层石墨烯，由于石墨烯颜色较深，成功地将混合 3D 打印粉末的反射率降低了 67%。石墨烯涂层在 3D 打印中的使用可以改变打印件的密度，同时赋予它们黑色光泽，有效解决了铜等导热性较好的金属不适合基于激光的 3D 打印工艺、打印部件易开裂的问题，扩大了铜等金属材料的3D打印适用性。同时，石墨烯涂层还有助于提高金属材料的防紫外线、防腐蚀、防火和耐久性等性能，在电动汽车、电子和国防等领域有较大的应用潜力。

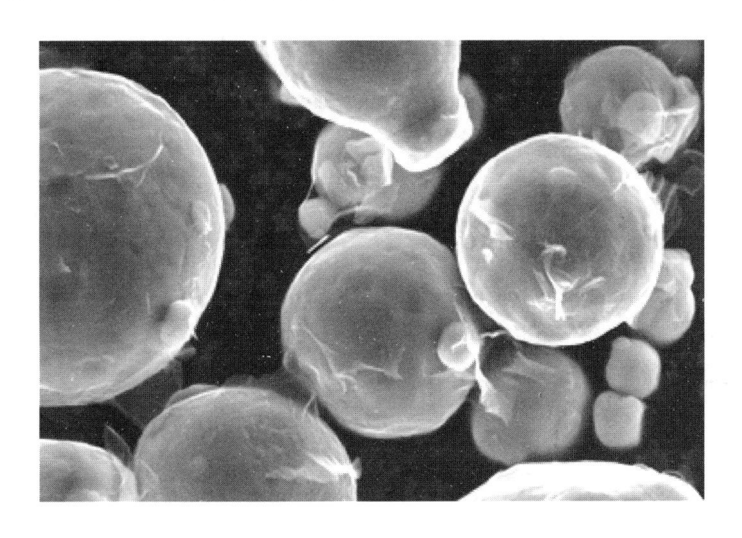

图17　适用于3D打印的铜粉扫描电镜图

（中国兵器工业集团第二一〇研究所　郭瑞萍　李静）

（中国航空发动机集团北京航空材料研究所　高唯）

（中国船舶集团第七一四研究所　方楠）

（中国航天系统科学与工程研究院　李虹琳）

（中国电子技术标准化研究院　张慧）

2021年航天先进材料技术发展综述

先进材料技术的发展不断推动着航天装备的改进和更新换代。2021年，国外航天先进材料技术快速发展，结构材料领域以碳纤维复合材料为发展重点，复合材料吊杆、贮箱及超轻结构，无不在推动着航天装备的发展；高性能金属结构材料重点发展满足太空极端环境要求的耐辐射铝合金；特种功能材料领域发展可为航天员提供触觉能力的声学感知材料，以及可保障低地球轨道航天器安全运行和航天员身体健康的防护涂层。

一、先进结构材料

2021年，航天装备先进结构材料重视改善性能以提高航天装备的运行能力。其中，碳纤维复合材料依旧是结构材料领域的发展重点，因其轻质与耐用性而获得广泛应用；高性能金属结构材料以发展耐辐射金属为主，为航天器结构用材提供新途径。

（一）碳纤维复合材料快速发展，为航天装备主材提供更多选择

碳纤维复合材料的性能不断提高，进一步满足了航天装备主用材料的

需求，使其在航天装备上的应用越来越广。

1. 可展开复合材料吊杆为深空太阳帆任务提供解决方案

2021 年 6 月，美国国家航空航天局正在开发一种可展开轻型复合材料吊杆（图 1），用于 2022 年发射的“先进复合材料太阳帆系统”（ACS3）任务，以验证首次将复合材料吊杆应用于近地轨道太阳帆上的可行性。该复合材料吊杆由碳纤维增强柔性聚合物复合材料制成，比传统金属吊杆轻 75%，受热时的热变形为金属吊杆的百分之一；可在发射时折叠或卷在线轴上，紧凑收纳于航天器内；发射到太空后可自行展开，展开后仍能保持形状和强度，可抵抗由于温度剧烈变化而产生的弯曲和翘曲。

图 1　可展开复合材料吊杆实物图

该复合材料吊杆将由携带“先进复合材料太阳帆系统”的 12U 立方星（尺寸为 23 厘米 × 23 厘米 × 34 厘米）进行部署，太阳帆由复合材料吊杆支撑并连接在立方星上。立方星进入太空后，需花费 20 ~ 30 分钟使用横跨正方形太阳帆对角线的4个复合材料吊杆展开太阳帆，每个复合材料吊杆长约7米，太阳帆完全展开后面积约18米^2。这种复合材料吊杆未来可用于展开面积约500米^{2}甚至更大的太阳帆，将用于支持载人太空探索、太空天气预警卫星和小行星侦察等任务的通信中继。

2. 碳纤维复合材料贮箱的开发越来越受到重视

2021年8月，英国重力实验室与国家复合材料中心合作，为其亚轨道运载火箭研究、设计和试验一个碳纤维复合材料推进剂贮箱（图2），采用该贮箱可使运载火箭减重30%。该项工作旨在利用碳纤维复合材料优化重力实验室的运载火箭，使其更轻、更耐用且成本更低，以支持英国未来具有成本竞争力的发射服务。

图2　试验中的碳纤维复合材料贮箱

2021年9月，德国MT航空航天公司为欧洲航天局开发的小型碳纤维复合材料贮箱在德国航空航天中心进行了压力试验。试验中，模拟火箭飞行时的压力状态，验证了碳纤维复合材料贮箱在 -253℃左右的低温条件下，即使没有内部涂层（无内衬），也具有结构承载能力和密封性。该试验结果为即将在“阿里安”6 运载火箭优化上面级验证器项目中如何选择材料奠定了基础。

2021 年 12 月，英国国家复合材料中心与泰雷兹·阿莱尼亚航天公司合作开展“太空贮箱”项目研究，制造出一个全复合材料无内衬（V 型）贮箱验证件（图 3），这是未来用于运载火箭和卫星推进剂贮箱的典型产品，与目前使用的传统金属推进剂贮箱相比，预计可减轻 30% 的重量。该贮箱验证件长 750 毫米、直径 450 毫米，主体由碳纤维复合材料制成，液体储存能力超过 96 升，其设计和制造的标准壁厚为 4.0 ~ 5.5 毫米，能够承受 8500 千帕的压力。这为英国未来推进剂贮箱的开发提供了研究基础，并有助于支持英国打造复合材料贮箱制造部件和设备的供应链。

图 3　全复合材料无内衬（V 型）贮箱验证件实物图

3. 碳纤维复合材料超轻结构为航天器减重提供帮助

2021 年 1 月，卢森堡科学技术学院与卢森堡格拉德尔公司开展合作研究，目标是利用连续碳纤维增强聚合物在纤维缠绕过程中创造超轻 3D 结构，从而生产出用于航空航天工业的碳纤维复合材料超轻结构（图 4）。该结构为浸渍的碳纤维缠绕形成的一个优化 3D 网格结构，这种结构非常紧固且具有弹性，可用于制造卫星天线或设备的支架。使用碳纤维复合材料超轻结构可使航天器部件减重 75%。格拉德尔公司未来将为欧洲三大航空航天公司——空客、泰雷兹和 OHB 提供这种超轻结构部件。

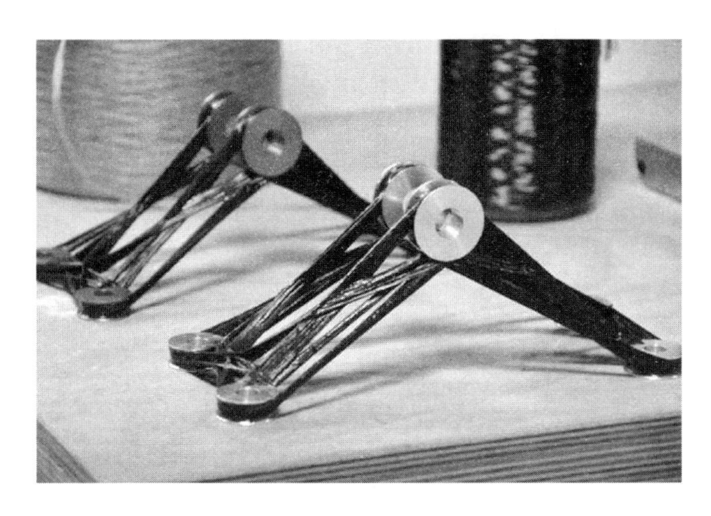

图 4　碳纤维复合材料超轻结构件实物图

（二）高性能金属结构材料以提高耐用性为目标发展

高性能金属结构材料注重在太空极端环境下的应用，新型耐辐射铝合金的开发为铝合金在航天器上的应用开辟了新途径。

2021 年 1 月，英国哈德斯菲尔大学的研究人员利用显微镜和离子加速器设备开发出了一种新型铝合金，强度高、重量轻，并且耐辐射，未来可用于制造航天器。这种铝合金轻质，被作为建造航天器的材料而寄予厚望，但需要解决因太空辐射而导致的材料溶解问题。现在，研究人员发现了一种受到粒子辐射时不会溶解的超常规铝合金，这种合金具有复杂的晶体结构 Mg_{32}（Zn，Al）$_{49}$，被称为T相。研究人员让该铝合金经受高能粒子辐射，同时用透射电子显微镜监测这种辐射对合金微观结构的影响。研究发现，随着辐射的增加，具有T相晶体结构的铝合金与其他传统铝合金相比，抗辐射性更好，这意味着T相铝合金是耐辐射的，在高辐射剂量下不会溶解。这种新型铝合金为建造未来探索深空的航天器提供一个新的选择。

二、特种功能材料

2021年，特种功能材料创新发展为航天装备安全运行提供支持。重点开发声学感知材料和涂层材料，旨在为航天员提供触觉、保证航天器可靠运行及保护长期在太空中飞行的航天员。

（一）具有声学感知功能的材料为航天员提供触觉

2021年2月，美国陆军研究实验室和麻省理工学院的研究团队开发出了一种对振动非常敏感的声学织物，它可以探测到微小的高速空间粒子的冲击。该织物包含热拉伸振动敏感纤维，能够将机械振动能量转化为电能。当微流星体或太空碎片撞击织物时，织物会振动，声波纤维会产生电信号。研究人员通过国际空间站上的实验室来测试这种声学织物对微粒撞击的灵敏度。研究人员将10厘米×10厘米的织物样品送到国际空间站，并将其安装在暴露在严酷太空环境中的外墙上，进行为期1年的测试，以确定这些织物在近地轨道恶劣环境中生存的能力。研究人员认为，这种声学织物可以制造出大面积结构，可精确测量微流星体和以每秒千米的速度移动的太空碎片对航天器的冲击；还可通过加压航天服提供来自航天服外部的感觉数据，然后将这些数据映射到穿戴者皮肤上的触觉驱动器，从而帮助航天员获得触觉。

（二）纳米防护涂层使航天器免受紫外线辐射和原子氧的侵蚀

2021 年 2 月，空客防务与航天公司和英国萨里大学合作，开发出了一种突破性的纳米防护涂层，可以保护近地轨道航天器免受紫外线辐射和原子氧的伤害。该涂层允许在复杂的三维结构（如航天器和光学镜）上进行大面积涂覆，可以黏结在聚合物或复合材料表面，保护它们免受紫外线辐射和原子氧造成的侵蚀；还避免了以往航天器仪器需要包裹多层绝缘材料的问题，消除了污染风险。通过使用该纳米防护涂层，可使航天器仪器的灵敏度增加，可采集更多的数据并提高成像效果，以提升航天器的探测性能。空客防务与航天公司和英国萨里大学的下一阶段工作是推进纳米防护涂层的工业化，以实现其在大型太空复杂结构上的应用。

（三）新型多孔黑色素涂层可保护航天员免受毒素和辐射伤害

黑色素是人体皮肤中的一种自由基清除剂，可以保护人体免受紫外线的伤害。2021 年 3 月，美国西北大学合成出一种多孔黑色素，可以吸收和存储不需要的毒素，同时让空气、水和营养物质通过（图 5）。在西北大学与海军研究实验室合作开展的试验中，研究人员证明了这种新合成的多孔黑色素可作为一种防护性涂层，防止模拟神经毒气的物质透过皮肤和织物，但同时又具有可呼吸性和透水性。未来，新型多孔黑色素涂层可用于制造防护口罩和面罩，并有可能用于远距离的载人太空飞行。这种涂层材料可以存储航天员呼出的毒素，使其免受有害物质的侵害，同时还可避免紫外线辐射的伤害。

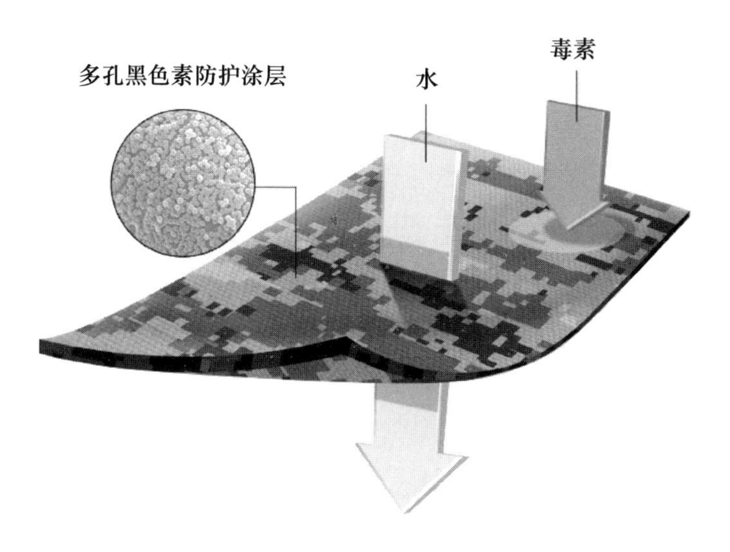

图 5　多孔黑色素涂层可以透水但阻止毒素通过

（中国航天系统科学与工程研究院　李虹琳）

2021 年航空先进材料技术发展综述

航空材料通常包括飞机机体材料、发动机材料以及机载设备与武器材料等。机体材料大量采用高比强度和高比模量的轻质材料以提升飞机结构效率，降低结构重量系数；发动机作为飞机的心脏，其材料重点在于高温性能，需要高推重比材料；而机载设备及武器等则侧重于各种微电子、光电子、传感器等光、电、声、热等多功能材料。2021 年，航空材料技术继续向着高性能、复合化、低成本、高功能、智能化以及高环境相容性的方向稳步发展，取得了一系列新突破。

一、先进结构材料

航空结构材料主要包括金属材料（铝合金、镁合金、钛合金、锂合金等）、非金属材料（特种陶瓷等）、高分子材料（工程塑料等）、复合材料等，主要应用于机身、机翼、发动机及其部件、螺旋桨等航空结构。这些部件在高温、高压、强腐蚀等极端条件下工作，除了依靠改进结构设计之外，更依赖于材料本身性能的不断优化，即向着轻质、高强、耐高温、纳米化及环境友好等方向发展。

（一）持续向高温高强高性能优化发展

由于对飞行器飞行速度要求的不断提升，发动机推重比不断提高，对于机身材料，气动力加热效应使机身表面温度升高，需要结构材料具有好的高温强度，对于发动机材料，要求涡轮盘和涡轮叶片材料要有好的高温强度和耐高温腐蚀性能。因此，2021 年各国持续开展对航空材料的高温性能和高强度的研究。

1. 抗 2000℃热冲击的新型陶瓷复合材料

2021 年 3 月，俄罗斯奥布宁斯克科技生产企业利用国产原材料研制出一种以二氧化锆为基础的新型复合陶瓷材料（图 1）。该材料具有独特的综合性能，如高强度、高硬度、耐热性、化学稳定性等，可承受 2000℃的热冲击，并且可以在具有侵蚀性的化学环境中使用，制成的耐热陶瓷可用于生产高温下工作的装备。该材料未来可应用于航空航天高精度产品、冶金、原子能、运输机械制造等领域。

图 1　基于二氧化锆的新型复合陶瓷材料

2. 可用于增材制造的新型高强度低缺陷钴镍高温合金

2021 年 1 月，美国橡树岭国家实验室的研究人员开发出一种新的可用于增材制造的高强度、低缺陷钴镍高温合金 SB – CoNi – 10。在一种常用镍基高温合金中加入钴元素，经真空感应熔化和氩气雾化制备得到合金粉末，分别通过电子束熔化和选择性激光熔化进行无裂纹 3D 打印，制得的零件的极限拉伸强度为 1.28 吉帕，延伸率分别为 13.1% 和 33.2%。同时，该合金还具有比高温合金定向凝固材料更均匀的晶粒结构，无需后处理即可增强零件强度，有望在航空航天、军事核工业等多个领域提供更大的适用性。

3. 印度国防研究与发展组织自主研发高强度 β 钛合金

2021 年 7 月，印度国防研究与发展组织自主开发了一种含钒、铁和铝的高强度亚稳态 β 钛合金——Ti – 10V – 2Fe – 3Al（图 2）。该合金具有优良的强度、延展性、抗疲劳和断裂韧性。此外，由于其与钢相比具有优异的耐腐蚀性，且寿命成本相对较低，加之优良的可锻性，有助于制造结构复杂的航空航天部件（包括缝翼/襟翼轨道、起落架及起落架中的下放连杆等），具有显著减轻重量的潜力。印度航空发展局已经确定了超过 15 种钢组件在不久的将来可以被 Ti – 10V – 2Fe – 3Al 合金锻件取代，可以减轻 40% 的重量。

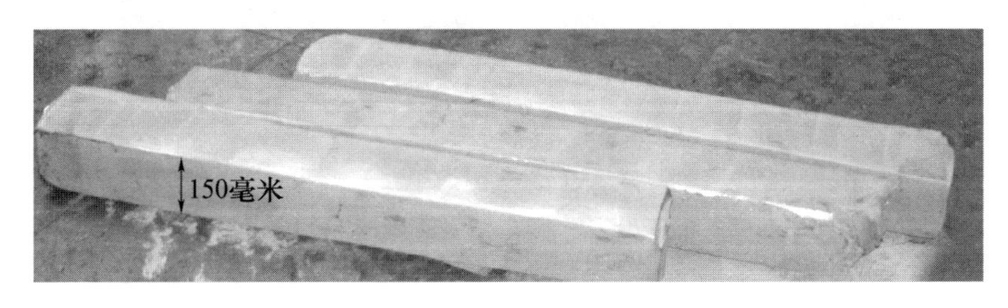

图 2　Ti – 10V – 2Fe – 3Al 合金锻造棒材

4. 新型耐热铝合金性能不断优化

2021 年 6 月，由俄罗斯国立科技大学牵头的研究小组开发出一种具有独特耐热性的铝合金 Al-3.3Cu-2.5Mn-0.5Zr（重量百分比），其可在 400℃下保持性能稳定。取代传统的均质化和硬化操作，将材料在电磁结晶器中铸造成长坯，随后直接进行轧制和拉拔，得到热稳定纳米颗粒结构（图 3）。此后，研究人员又继续改进材料成分，得到的 Al-0.8Ca-0.5Zr-0.5Fe-0.25Si 合金具有更高的强度、导电性与耐热性（达 450℃），可实现最佳微观结构。该材料未来有望替代铜而应用于航空航天等领域。

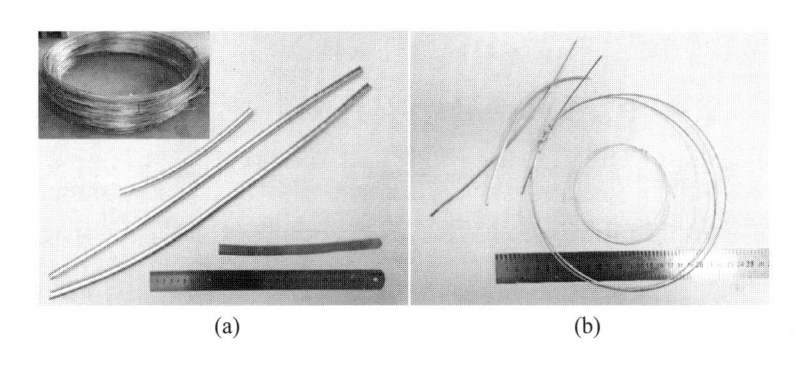

图 3　新型耐热铝合金材料

（a）铝合金的铸钛线材和冷轧带材；（b）铝合金的冷拔钢丝。

（二）碳纤维复合材料仍是轻量化发展重点

材料轻量化设计主要是指在保证其他性能指标的基础上，更换新型轻质材料或优化传统材料结构以达到飞机减重目的，一直以来是航空工业关注的重点研究方向之一。飞机减重不仅可以提高飞机航程、减少运营与维护成本，还可以降低碳排放，维护生态环境。

1. 优化碳纤维复合材料以实现飞机减重

2021 年 5 月，日本东京理工大学的研究人员开发新方法并优化碳纤维复合材料以减轻重量。根据碳纤维在复合材料结构中的位置同时优化碳纤维的取向与厚度，从而在不影响强度的情况下，减少碳纤维增强塑料的重量。研究发现，该技术可实现优化强度并使其重量减轻 5% 以上，同时使负载转移效率比单独使用纤维定向更高，为更轻的飞机部件设计开拓了新路径，且有助于节能和减少二氧化碳的排放。

2. 采用碳纤维增强聚合物取代 H135 直升机铝制结构件

2021 年 11 月，空中客车公司的多学科研发团队，利用预浸料、真空辅助灌注和树脂传递模塑等工艺，以碳纤维增强聚合物为原材料，成功生产出用于 H135 轻型双发直升机的铝合金环形框架的替代件。经过测算，新方案与铝制方案相比重量减轻 25%，与钛合金方案相比成本降低 50%，同时显著降低了检测和维护成本，提升了机体安全性。目前，所有最新生产的 H135 直升机全部换装了新的碳纤维增强聚合物环形框架（图 4）。

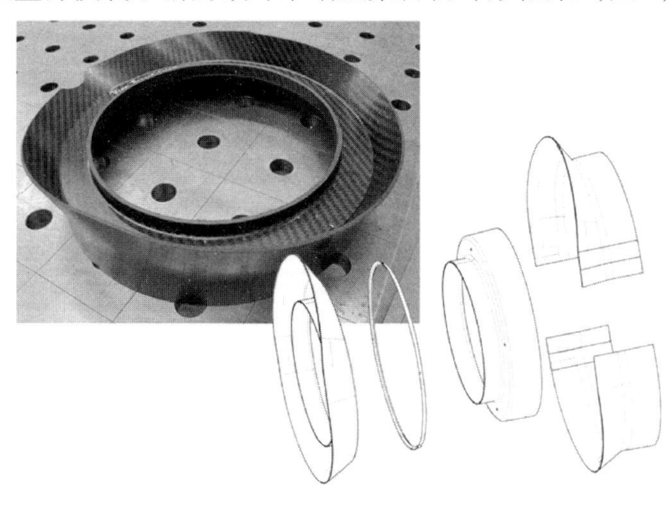

图 4　用于树脂灌注环形框架的四件式预成型件

（三）纳米技术不断融入推动航空材料前沿科技发展

纳米材料由于具有独特的小尺寸效应、表面效应等而表现出不同于传统材料的物化性质，因此，利用这些特性对传统材料进行改性而得到更高性能材料，减轻飞行器质量从而提升飞行速度与性能，在航空领域显示出巨大应用潜力。

1. 新型超轻纳米结构防护材料有望用于军用抗冲击结构件

2021 年 6 月，美国麻省理工学院的研究人员制造出一种由精确图案化且韧性和机械稳定性良好的纳米级碳桁架构成的超轻材料。利用超声速微粒对该材料进行弹性测试，发现与钢、凯夫拉、铝和其他重量相当的抗冲击材料相比，新材料在吸收冲击能方面具有更高性能。其微粒倾向于嵌入材料而不是撕裂材料，嵌入颗粒下方的碳支柱皱缩并压实而周围的支柱仍完好无损。未来，这种超轻材料有望应用于国防、航空航天等领域的轻质装甲、防护涂层和防爆护罩等抗冲击结构件。

2. 陶瓷纳米颗粒混杂技术有助于推动航空结构件性能提升

2021 年 11 月，沙特阿拉伯研究人员将由碳纤维和玻璃纤维编织而成的混杂纤维与两种不同的陶瓷纳米颗粒——氧化铝（Al_2O_3）和石墨烯纳米片相结合，制成了一种专门用于航空结构件的混合纤维增强聚合物材料。石墨烯纳米片和氧化铝在混合基体中均匀分布，这将有助于生产具有优异性能的薄壁结构，非常适用于航空航天领域。此外，该材料还表现出了改善的机械性能和微观结构性能，有助于提高工程设计能力、航空结构件的耐久性和可靠性以及整体工艺性能，进而推动未来航空结构成型加工方法的创新。

3. 纳米沉淀物可改善结构合金韧性

2021 年 7 月，美国橡树岭国家实验室的研究人员发现了一种通过纳米沉淀使结构材料增韧的新方法。通常纳米沉淀物可使基体材料增强但同时脆性加大。为了改善材料脆性问题，研究人员将纳米级沉淀物引入合金基体，并调整它们的尺寸和间距。这样不仅避免了传统脆性问题，且在常规沉淀强化和变形诱导转变的互补机制下，新合金强度提高了 20% ~90%，伸长率提高了 300%（图5、图6）。

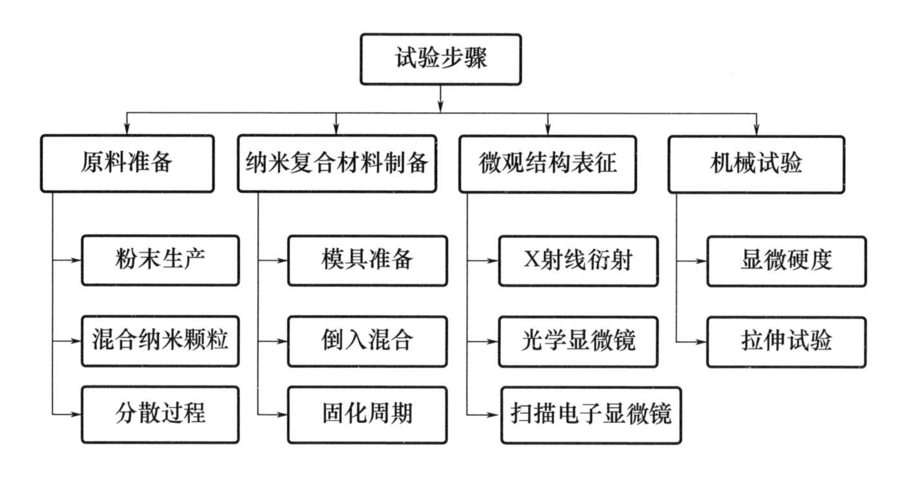

图5　试验过程

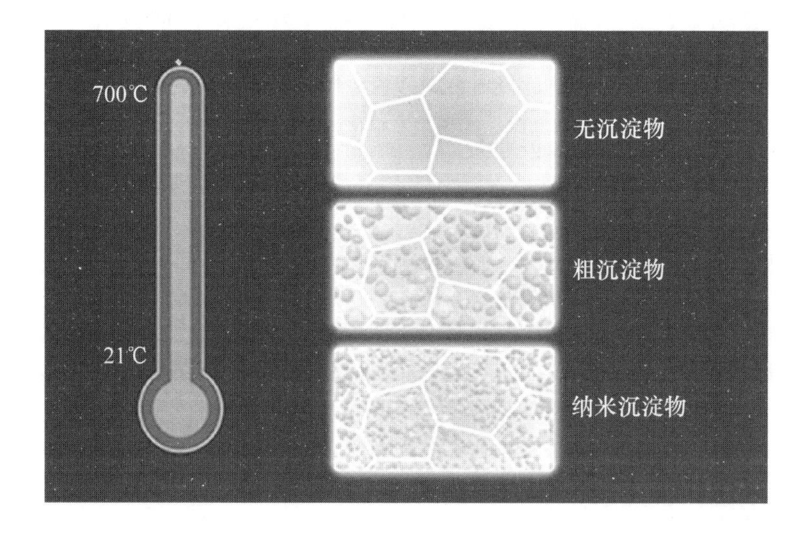

图6　从上到下，合金分别由无沉淀物、粗沉淀物、纳米沉淀物制成，以评估沉淀物尺寸和间距对机械性能的影响

4. 纳米金属网络结构带来轻质高强应用

2021 年 3 月，德国亥姆霍兹研究中心与汉堡工业大学利用新材料设计方法，开发出超轻材料纳米金属网络结构（图 7），其可在不同层次上形成嵌套网络，进而提供超高强度。得益于开放的网络结构，新材料密度仅为固态金属的 10% ~20%，具有相对较高的强度和弹性模量。此材料设计方法可应用于其他金属，如铝、镁或钛。虽然目前只能制造毫米级样本，但此工艺可扩展，未来该材料将更多应用于真实场景中，如汽车与飞机等。

图 7　具有不同尺寸纳米结构样品的扫描电镜图像

（四）科技发展的同时更加注重环境友好性

2021 年在全球致力于碳中和的绿色革命大趋势下，航空材料快速发展的同时也注入了更多环境友好的内容，材料回收、废料再利用、清洁航空燃料开发等方向也出现诸多应用。

1. 澳大利亚开发出碳纤维复合材料的回收再利用新技术

2021 年 3 月，澳大利亚悉尼大学研究人员开发出一种优化的方法，可使碳纤维增强聚合物复合材料再生的同时保持其原始强度的 90%。回收过程首先进行热解步骤，通过热量分解材料，同时造成显著烧焦，随后进行氧化，再高温去除焦炭。全程控制温度、加热速率、加热时间与环境气氛等以减少碳纤维功能的损失。这种由回收碳纤维复合材料制成的高品质、低成本结构材料，可用于航空航天、可再生能源和建筑等行业。

2. 英国推动航空报废件复合材料回收应用

2021 年 6 月，英国国家复合材料中心的一项突破性研究表明，复合材料部件可在其报废时进行回收，在新的行业中得到应用，以减少复合材料废物的产生，同时降低先进材料对环境的影响。目前，该项目已通过热解工艺成功从两架已达到使用寿命的空客 A320 客机垂直尾翼中提取了碳纤维（图 8），

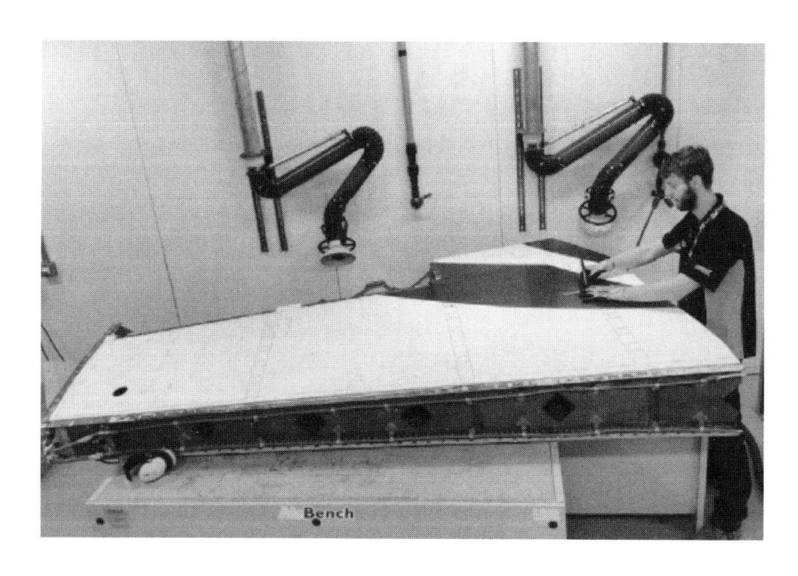

图 8　从空客 A320 垂直尾翼上提取的碳纤维增强聚合物

被加工并配置成可与液态树脂搭配、适用于目前复合材料制造工艺的材料形式，并将展示报废产品中回收复合材料跨行业应用的可能性。该研究成果将被推广应用于航空航天、建筑、铁路、汽车等多领域。

3. 废弃塑料转化为航空燃料

2021 年 5 月，美国华盛顿州立大学的研究人员开发出一种资源回收转化的方法，可以将聚乙烯转化为喷气燃料和高价值润滑油。在转化过程中，研究人员使用了钌碳催化剂和另外一种常用的溶剂，该溶剂能够在 220℃的温度下，在 1 小时内将大约 90% 的塑料转化为航空燃料或其他碳氢化合物产品。这种方法使塑料的回收、重复利用的效率更高、成本更低。

二、特种功能材料

特种功能材料在航空工业的发展过程中作用越来越大，不仅可以提升结构材料和各类系统的性能，还可以作为未来颠覆性技术基础研究的储备。特种功能材料具有品种多、批量小、技术高、更新换代快、知识技术密集等特点。2021 年功能材料作为最活跃的材料领域不断推出新材料。

（一）功能涂层材料可实现结构稳定与隐身

功能涂层材料以环境障的形式在航空装备上应用，保证装备关键结构部件在极端环境中性能的稳定。其中，美国研制的陶瓷涂层还突破了雷达吸波隐身的能力。

1. 新型纳米涂层可增强航天器结构的强度和稳定性

2021 年 6 月，英国萨里大学和空中客车公司合作开发出一种新型先进纳米屏障真空沉积涂层，可应用于由超高性能碳纤维增强聚合物复合材料制成的航天器结构，以进一步增加结构坚固性、抗裂性并赋予其他特定的功能。当该涂层覆盖在表面时，纳米屏障与航天器结构结合，可显著增强复合材料强度并保护其免受水分和真空等环境影响，确保材料的结构稳定性并提高抗裂性。目前，萨里大学正在测试即将部署到太空的大型复杂结构上的涂层，并致力于该项目下一阶段的研发工作，重点推动该技术实现产业化，应对即将到来的地球观测、导航等任务。这项创新带来的可能性将远不止应用在空间结构中，未来这种涂层还有望用于各类航空及地面应用领域以提供防护功能（图9）。

图9　全新纳米涂层将用于“哥白尼哨兵”及“地球探索”等项目

2. 航空发动机热端部件热障涂层稳定性提升

2021年8月，美国弗吉尼亚大学的科研团队发现一种延长航空发动机中高温段所用材料使用寿命的方法，即使用二硅酸镱作为热障涂层的外层，这是一种含有稀土元素的化合物，具有硅和碳化硅的热膨胀特性，并且向硅层输送氧气和水蒸气的速度很慢。具体操作为，首先在碳化硅上沉积硅结合涂层，然后在硅和二硅酸镱外层之间放置一层薄薄的氧化铪。当二氧化硅在硅上形成时，会立即与铪反应形成硅-铪氧化物或二氧化铪（图 10）。二氧化铪的热膨胀和收缩率与涂层的其余部分相同，因此不会导致涂层脱落或破裂。一旦该技术逐渐成熟并能够走向实际应用，可大大延长发动机零件的使用寿命。

图 10　研究人员控制用于双面黏结涂层的定向沉积工艺

3. 新一代雷达吸波隐身涂层材料

2021 年 8 月，美国北卡罗来纳州立大学研制出一种新型坚固耐高温陶瓷材料，可应用于隐身飞机表面。该涂层可吸收 90% 以上雷达能量，将此类陶瓷的液态前驱体喷洒在飞机表面，通过在空气中发生化学反应可转化为固态陶瓷。研究人员表示，与原先聚合物材料相比，新型陶瓷材料更坚固且防水性能提升，能够承受更为恶劣的环境条件，并能在 -100 ~ 1800℃间保持良好性能。此外，将其应用于飞机上还可提升飞行速度，延长飞行里程并提高可控性，有助于研发下一代隐身飞机。

（二）基于生物仿生特点研发满足多重需求的材料

挪威、美国等开始关注将材料的多功能性与结构可行性相结合，开发既拥有高韧性又拥有高强度或者集导电、耐热和高强度于一身的多功能材料。这类多功能材料设计的思路多来自大自然，如贝壳的内部结构、蜘蛛丝、变色龙等。

1. 挪威开发兼具韧性和刚度的新材料

2021 年 9 月，挪威科技大学在蜘蛛丝的启发下开发出具有非凡机械性能的弹性体聚合物（图 11）。该聚合物具有类似橡胶的弹性，如蜘蛛丝一般兼具韧性与刚性。新材料具有独特的硬域和软域，其分子在一个重复单元中具有 8 个氢键，有助于均匀分布施加在材料上的应力。8 个氢键分布应力的同时，硬域和软域间的刚度不匹配可通过裂缝分叉分散能量，进而提高韧性。该材料除了具有非凡机械性能外，还具有光学透明性，可在高于 80℃下自我修复。新材料可应用于柔性电子产品，可融合智能材料、传感器、信息传输与处理等前沿技术，提升相关装备与系统的智能化水平，推动航空航天技术的发展。研究人员将进一步扩展材料的特性，包括防冰和防污性能，使其可在极端条件下使用。

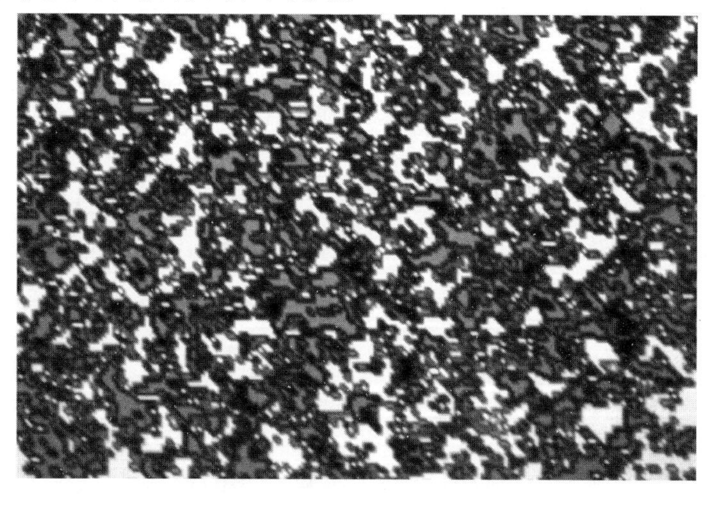

图 11　弹性聚合物示意图

2. 利用贝壳砖混结构新思路研发高性能多功能复合材料

2021 年 9 月，美国南达科他州立大学的研究人员与美国空军实验室材料与制造局合作，研发符合航空航天使用场景的多功能复合材料 MXene。MXene 是一类二维无机化合物，研究团队利用它的高电导率、导热率、亲水性、成分灵活可调，纳米层厚度可控等优势来设计航空航天多功能复合材料。研究人员从贝壳内部找到了设计灵感（图 12）。许多贝壳内部具有类似砖混结构，其中砖块是多边形和刚性的，所有的砖块都分散在聚合物水泥中，这些水泥将砖块黏合在一起并允许它们弯曲，砖块本身具有波浪形、粗糙的结构，从而使砖块互锁，获得更高强度和断裂韧性。研究人员通过类似思路，用 MXene 材料作为砖块，以聚合物作为水泥将这种 MXene 聚合物结构层层堆积，最终获得既能保留聚合物独特的性能，又能提供结构耐久性的全新 MXene 复合材料。

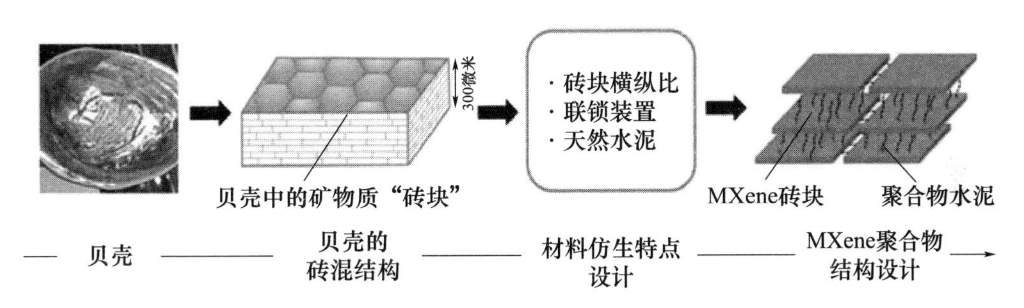

图 12　贝壳的内部结构为基于 MXene 的复合材料设计提供灵感

3. 可自主对环境做出反应的人造材料

2021 年 11 月，美国密苏里大学与芝加哥大学的研究人员合作开发出一种人造材料，该材料可以对环境做出反应，独立做出决定并执行自主行动。例如，利用该材料制造的无人机可评估其所处环境，包括风向、速度或障碍物等，并自动改变飞行路线以安全完成任务。新材料拥有传感、信息处理、驱动三大功能，参考了自然界动植物对环境的反应，例如捕蝇草的快速反应、变色龙融入环境的能力等，未来有望用于航空航天隐身技术，辅助减少发动机噪声，提高无人机自主飞行安全性等（图13）。

图13　环境感应材料用途

（三）前沿材料不断突破性能极限

当今全球处在颠覆性技术创新热潮中，前沿材料技术作为创新的物质基础与技术先导，各国极为重视，大力推进前沿材料技术发展并不断突破其性能极限。

1. 澳大利亚研制出已知最具热稳定的零膨胀材料

2021年6月，澳大利亚新南威尔士大学的研究人员发现了一种不寻常的材料，它在极宽的温度范围内不会发生膨胀或收缩，可能是当前已知的最稳定的材料之一。研究团队证明了由钪、铝、钨和氧构成的零热膨胀材料（$Sc_{1.5}Al_{0.5}W_3O_{12}$）的结构稳定性（图14），其体积在温度介于－269℃～1126℃之间时没有变化，而只是化学键、氧原子位置和原子排列发生了微小的变化。由于材料的合成相对简单，氧化铝和氧化钨的利用率较高，该材料的大规模制造是可行的。该材料可提高高超声速飞行器或航空发动机热端部件热防护系统的稳定性，保证其在剧烈的温度变化时不会引发不同材料之间的热变形不匹配。

图 14　研究团队使用高分辨率粉末衍射仪对材料结构进行研究

2. 新型超轻抗压张力超材料

2021 年 3 月，美国加州大学研究人员采用张拉整体结构，将孤立的刚性杆集成到柔性绳索网格中，形成轻质、自张拉的桁架结构，得到一种新型超轻抗压张力超材料（图 15）。这种基于微米级桁架和栅格的结构，具有独特的均匀变形行为和出色的极端能量吸收性能，可避免产生过大的局部应力，进而有效防止材料失效。与同强度的其他轻量结构相比，新材料的变形能力显著提升。该研究可应用于多种材料体系，为设计各类具有优异抗失效能力的结构提供新思路，未来有望应用于航空发动机和风力涡轮机等较重的结构部件、冲击防护系统及自适应承重结构等。

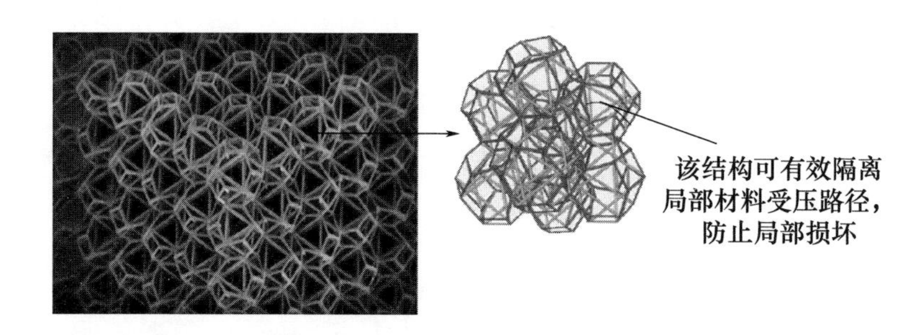

图 15　新型张力超材料模型图

3. 新型“航空石墨烯”推动航空创新

2021 年 11 月，由英国基尔大学材料科学家领导的国际研究小组研发了一种新型轻质航空材料，名为“航空石墨烯”（图 16），其密度仅为 0. 2 毫克/厘米^3，孔隙率达到 99%，是迄今为止世界上最轻的材料之一。其性能稳定，且具有良好的导电性，因其独特的纳米结构，理论上 450 克的这种材料可承受一头大象的重量。该材料在快速加热时，内部所含空气会被极快加热并膨胀至“爆炸”状态，这表明能够使用该材料启动小型可控、可重

图 16　航空石墨烯结构示意图

复爆炸，且不需要任何化学反应，由此可制造出非常强大的泵，使其能被应用于压缩空气或微型消毒空气过滤器之中。这些特性将推动气动、机器人或空气过滤技术的创新，有望开发出新型压力泵以及高性能微型致动器，促进新型空气过滤材料和系统的研发，并加速航空技术的创新发展。

4. MAX 相新型陶瓷在室温下使裂纹“自愈”

2021 年 9 月，美国德克萨斯大学的研究人员发现了一种具有室温自修复机制的名为 MAX 相的陶瓷（图 17）。该陶瓷在室温加载过程中会形成自然断层或扭结带，不仅可以有效阻止裂纹的生长，还可以修复裂纹，从而防止灾难性故障发生。研究人员指出，扭结带诱导的裂纹自愈很可能不是 MAX 相所独有的，也许可以扩展到具有类似原子层状结构的其他材料，进而有望推动一系列的下一代技术发展，如高效喷气发动机、高超声速飞行器和更安全的核反应堆等。

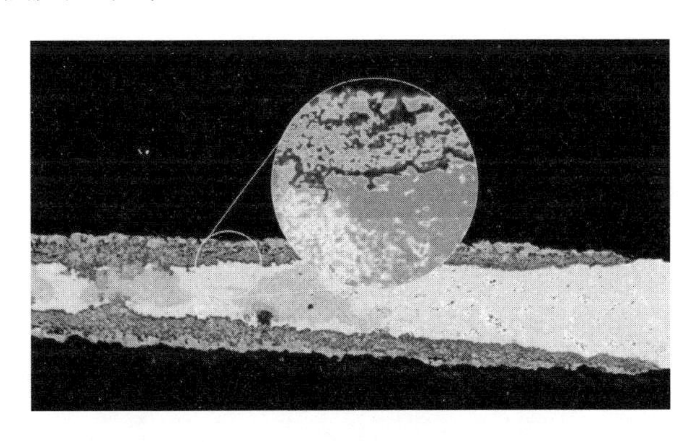

图 17　MAX 相陶瓷材料电子显微照片

（中国航空发动机集团北京航空材料研究所

高唯　吴梦露　徐劲松　郭广平）

2021年舰船先进材料技术发展综述

2021年，国外舰船材料技术继续取得突破。船用复合材料性能不断提升，应用范围拓展；新型高温结构材料制备取得新突破，助力先进发动机研制；腐蚀防护和修复技术创新，将延长金属部件的使用寿命；超疏水材料等功能防护涂层通过不同技术路径提升耐用性，结构防护材料在抗冲击性方面取得新突破。

一、先进结构材料

2021年，船用结构材料在多功能复合材料、新型高温结构材料技术方面取得突破性进展。复合材料兼具防护、隐身、耐火等多种功能，应用范围不断拓展；同时随着制备技术的创新，超高温二硼化锆（ZrB_2）陶瓷和高性能镍基高温合金有望替代金属基复合材料或轻质金属，用于发动机燃烧室等结构部件，将大幅提升先进发动机性能。

（一）复合材料设计和制备工艺不断创新，应用范围继续拓展

1. 美国海军致力于提升复合材料壳体的防护性能

2021年1月，美国海军空战中心武器分部授予Veelo Technologie公司研

发合同，用于提升战术导弹固体火箭发动机壳体用石墨烯环氧树脂复合材料的性能，以满足战术导弹系统对结构载荷、气动加热、电磁环境和雷击防护的要求。该公司计划采用其自研的复合材料专用防护材料——VeeloVEIL 和 VeeloSTRIKE。这两种防护材料均能满足防雷击、电磁屏蔽、电磁隐身等电磁特性要求，且密度明显低于现有防护材料。其中，VeeloVEIL 是一种导电无纺布，电阻低至 3 毫欧/米^2，比电导率是铜箔的两倍。

2. 美国海上系统司令部研制出新型多层复合材料装甲

2021 年 1 月，美国海上系统司令部卡迪洛克分部研制出一种多层复合材料装甲。该多层复合材料包含 5 层结构，分别为低密度、高应变率聚合物 850，混合复合材料编织层 820，陶瓷颗粒增强的复合材料 650，陶瓷板 830，以及高应变率聚合物抗弹织物 840（图 1）。研究人员在设计过程中对每层材料的电磁性能进行测量并建立了相关模型，通过不断优化使多层复合材料结构的电磁性能达到最佳。目前，已制备出试样并完成了测试。在阿伯丁测试中心的弹道测试结果表明，这种复合材料结构具有优异的抗弹性能，可作为装甲材料应用于海军舰船。

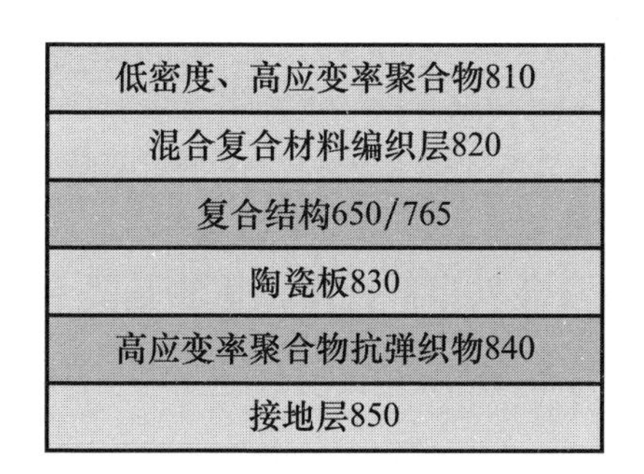

图 1　复合结构 865 的结构示意图

3. 美国海军水面战中心采购复合材料声纳导流罩

2021 年 2 月，柯林斯宇航系统公司获得美国海军水面战中心一项为期 7

年、价值 6400 万美元的合同，将为海军水面舰提供复合材料声纳导流罩，并负责安装、维修等相关工作。该公司生产的复合材料声纳导流罩采用了层压板结构，外层由高强度纤维制成，可有效保护设备。芯材采用橡胶可减少噪声对声纳的干扰，使用寿命长达 30 年，可在宽的入射角和频率范围内降低传输损耗和反射率，将增强声纳系统对水下目标的探测和识别能力。此前，该公司已为美国海军水面舰艇提供了超过 25 个复合材料声纳导流罩和 360 个橡胶导流罩（图 2）。

图 2　采用柯林斯宇航系统公司声纳导流罩的海军舰艇

4. 橡树岭国家实验室开发出纤维增强树脂基复合材料制备新工艺

2021 年 3 月，美国橡树岭国家实验室通过将增材制造技术与常规压缩成形技术结合，研发出新型短纤维增强热塑性复合材料制备工艺（图 3）。该工艺可实现高性能复合材料的大规模制造，还可通过控制材料的微观结构降低孔隙率。研究人员分别使用增材制造、挤压压缩成形及增材制造—压缩成形三种过程制造碳纤维增强 ABS 树脂基复合材料。结果表明，与传统挤压压缩成型相比，新工艺制备的复合材料拉伸强度提高了11.15%，拉伸模量提高了35.27%，弯曲强度提高了28.6%，弯曲模量提高了74.3%。下一步，该实验室还将开发长碳纤维或连续碳纤维增强复合材料制造系统。

图3　新型短纤维增强热塑性复合材料制备工艺示意图

5. 德国开展船用结构用生物基复合材料研究

2021年5月，德国弗劳恩霍夫制造技术和先进材料研究所正在开展用于承重部件、满足防火安全标准的生物基复合材料项目研究。纤维增强聚合物基复合材料的耐高温和耐火性能高度依赖聚合物基体，而聚合物的热分解温度、产生的气体类型等，均与其化学结构密切相关。聚苯并噁嗪的热释放率以及烟气的密度和毒性较低，无须使用含卤阻燃剂就能满足防火安全要求。因此，研究人员以聚苯并噁嗪为基体制备出新型聚合物基复合材料，在部件受损发生变形后仍满足防火要求，可用于制造船舶结构部件。下一步，计划在该复合材料中嵌入薄膜或印刷传感器，实时监测材料的使用情况，以便及时进行维护。

6. 俄罗斯利用多层夹芯复合材料提升舰艇隐身性

2021 年 6 月，俄罗斯首艘 20386 型“水星”号护卫舰（图 4）已完成船体建造，预计 2022 年交付海军。“水星”号护卫舰采用了碳纤维和玻璃纤维增强的多层夹芯复合材料，并涂覆雷达吸波涂层，结合特殊的外形设计技术，可最大限度减少表面突起，有望实现完全隐身。

图 4　俄罗斯 20386 型护卫舰

7. 纳米复合材料有望用于舰艇高温超导电缆

2021 年 7 月，受美国海军水面战中心资助，罗文大学的研究人员研制出聚酰亚胺纳米复合材料和聚酰胺纳米复合材料（图 5），可用于舰艇高温超导电缆。测试结果表明，两种纳米复合材料的低温介电强度均高于传统复合材料电介质。但随着增强体含量的增加，介电强度呈下降趋势；当温度由 27℃降至 -181℃时，受聚合物基体收缩、载流子密度降低等因素影响，两种材料的介电强度显著增加，其中聚酰亚胺纳米复合材料的介电强度更高。-181℃下，聚酰亚胺纳米复合材料的介电强度达到 261 ~ 280 千伏/毫米。

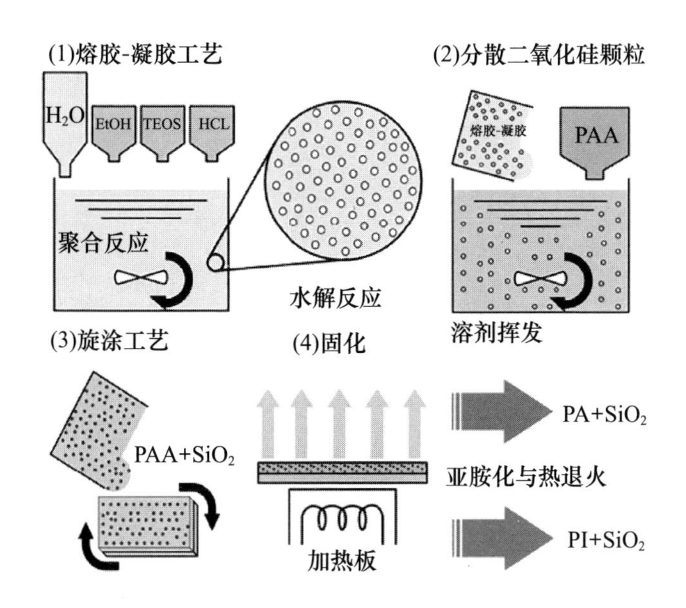

图 5　纳米复合材料制备过程

8. 英国公司为海军研制耐火复合材料

2021 年 9 月，英国格洛斯特公司研制出一种耐火型船用玻璃纤维增强复合材料——Permaglass XGR2/4，并通过了国防部认证。该材料弯曲强度为 720 兆帕，拉伸强度可达 600 兆帕，满足国防部对复合材料的机械性能要求，同时达到国防部的防火、防烟和防毒性标准。该公司已为“维斯比”级护卫舰、23 型护卫舰、“伊丽莎白女王”号航空母舰等海军舰艇提供高强度玻璃纤维增强复合材料部件（图 6），包括支柱、甲板护栏安全网架和梯子系统。与相同金属材料部件相比，这些复合材料部件具有重量轻、振动小、耐腐蚀、易维护和绝缘等特点，并可显著降低雷达探测信号。

（二）新型高温结构材料制备取得新突破，助力先进发动机研制

1. 美国海军资助研制超高温二硼化锆陶瓷研制

2021 年 5 月，受美国海军研究署资助，乐卓博大学的研究人员利用墨水直写法制备出分级多孔超高温二硼化锆陶瓷，有望替代金属基复合材料或轻质金属，用于发动机燃烧室或结构部件。研究人员向二硼化锆颗粒中加入表面活性剂和黏结剂后形成悬浮液；将悬浮液与植物油按不同体积比配置成四种水包油颗粒稳定乳液，作为3D打印油墨。油墨通过不同喷嘴形成微米级细丝，经墨水直写法打印出坯体，干燥并高温烧结后得到多孔二硼化锆陶瓷（图7）。研究发现：细丝之间构成毫米级孔隙，油挥发后产生直径10微米的气孔，二硼化锆颗粒部分烧结产生微米级气孔，最终使二硼化锆陶瓷具有分级多孔结构。结果表明：分级多孔二硼化锆陶瓷的平均体积密度为理论密度的23.2%，即气孔率为76.8%；试样强度为3.58兆帕，韦伯模量为2.05，比强度与3D打印分级多孔氧化物陶瓷相当。

图6　英国皇家海军45型驱逐舰首舰“勇敢”号

2. 澳大利亚研制出高性能镍基高温合金

2021年10月，受美国海军研究署等资助，澳大利亚悉尼大学的研究人员通过电子束粉末床熔融技术制备出完全致密、无裂纹的不可焊Inconel 738镍基高温合金（图8）。当前，采用激光直接能量沉积和激光粉末床熔融技术已打印出 Inconel 738 镍基高温合金，但存在无法原位生成 γ′相、晶界处有明显的热裂纹和应力开裂等问题。为此，研究人员尝试利用电子束粉末床熔融技术制备 Inconel 738 镍基高温合金。结果表明，试样呈现出柱状晶粒形貌，完全致密且无任何熔合缺陷或裂纹；从底部到顶部，γ′相尺寸减小约 35%、面积分数增加约 2.29%，试样平均弹性模量增加 127% ~145%，硬度增加 7% ~9%。力学性能的变化主要归因于 γ′相和 γ 相尺寸以及界面密度的变化。

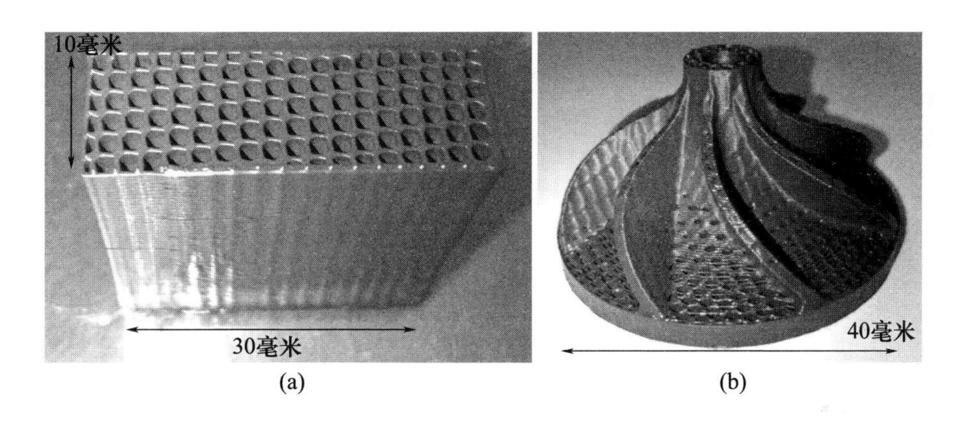

图 7　超高温 ZrB_2 陶瓷棱柱（a）和超高温 ZrB_2 陶瓷泵轮（b）

图 8　Inconel 738 预合金粉末微观形貌

二、特种功能材料

2021 年，船用功能材料加强耐用性攻关，在抗冲击防护材料、超疏水涂层以及腐蚀防护涂层和工艺技术方面不断创新。

（一）功能防护材料加强耐用性攻关，结构防护材料在抗冲击性方面取得突破

1. 美国高校合作研制超强抗冲击纳米材料

2021 年 6 月，受美国海军研究署资助，麻省理工学院、加州理工学院、苏黎世联邦理工学院合作，制备出可抵抗超声速微粒冲击的纳米材料，有望作为新型防爆材料，用于制造轻质装甲、防护涂层、防爆盾牌等。常规防爆材料主要包括钢、铁、铝等金属或陶瓷、纤维等非金属，制成的装甲、盾牌等存在自重大、舒适性差等问题。研究人员采用双光子光刻技术，通过重复打印复杂的十四面体结构（约有 15 亿种可能的变化），制备出聚合物前驱体；经 900℃热解，得到晶胞尺寸为 2.5 ±0.2 微米的十四面体热解碳纳米材料（图 9）。试验表明：该纳米材料的杨氏模量为 0.43 ±0.09 吉帕，强度为 25 ±4 兆帕，能够有效耗散冲击能量，阻止微粒穿透，最高可捕获 820 米/秒的二氧化硅微粒，抗冲击性能比纳米聚苯乙烯高 75%，比凯芙拉复合材料高 72%。

2. 美国高校制备出超薄自修复超疏水涂层

2021 年 9 月，受美国海军研究署资助，伊利诺伊大学的研究人员研制出超薄的超疏水涂层，兼具良好的自修复性和耐用性，可用于船体防污。超疏水涂层具有自清洁、防结冰、防雾、抗菌、防污等优点，但耐用性不足导致其实际应用受限。目前提高超疏水涂层耐用性的主要方法是将超疏

水涂层与力学性能优异的基体结合，但基体厚度通常超过 10 微米。研究人员通过将硼酸溶于异丙醇中，再向其中加入聚（二甲基硅氧烷）二醇，加热搅拌后形成混合溶液，旋涂于基板上形成纳米厚度涂层。该涂层表现出超疏水性和光学透明性，水滴以 1.3 米/秒的速度撞击薄膜时被完全反弹，表面未被浸湿，且针孔和划痕等机械损伤不会影响涂层的超疏水性。此外，涂层中不含氟，环保性好且易回收。

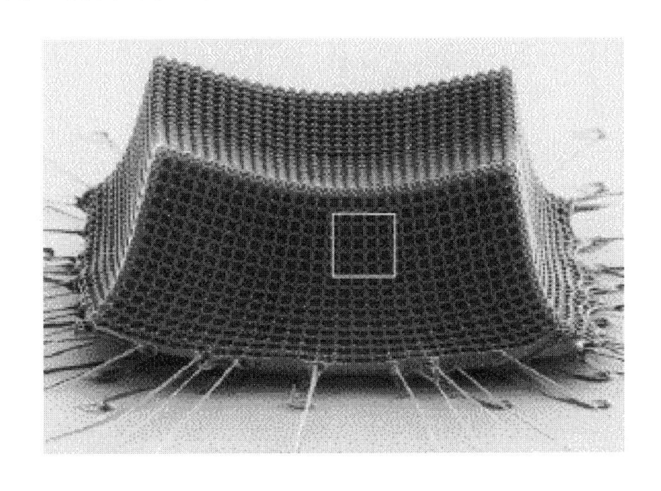

图 9　热解碳纳米材料试样

3. 硫硒合金涂层将为船用钢制结构提供更好的腐蚀防护

2021 年 10 月，莱斯大学研究人员制备出硫硒合金涂层，可耐海水和微生物腐蚀，有望用于舰用钢制结构的腐蚀防护。测试中，研究人员在一小块“低碳钢”上涂覆硫硒化合物涂层，并用一块普通钢作为对照，将两种试样浸没于海水中长达 1 个月。结果显示，涂覆自修复涂层的试样没有发生变色或其他变化，但未采用涂层保护的试样发生明显生锈，意味着涂层具有良好的抗海水腐蚀性能，如图 10 所示。为测试其抗微生物腐蚀能力，将有涂层和无涂层的样品暴露在浮游生物环境中 30 天。计算发现，该涂层的

“抑制效率”达到99.99%（图10）。将涂层切成两半，加热至约70℃时，两部分在2分钟内重新结合成整体。此外，在130℃下加热15分钟，可修复针孔缺陷，且修复后的防护能力与原始涂层相当。

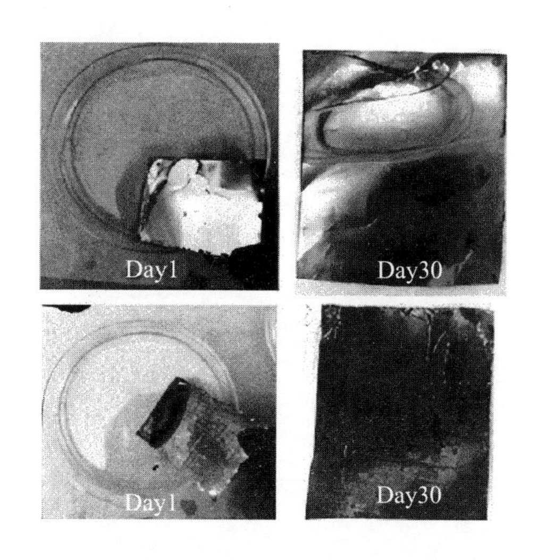

图10　模拟海水环境下硫硒合金涂层的防腐效果：
未采用涂层的钢片（上）和采用涂层的钢片（下）

（二）注重金属材料腐蚀防护工艺和修复技术创新，将延长相关部件使用寿命

1. 美国高校通过表面激光处理修复金属表面腐蚀

2021年1月，受美国海军研究署资助，内布拉斯加大学林肯分校开发出一种激光系统，可修复和预防铝制船体的表面腐蚀。研究人员利用高能激光束对铝表面进行局部加热，使被加热表面区域的组织、成分、物理及化学性能发生变化，从而达到修复腐蚀区域的目的。操作人员只需在系统中输入待修复金属的类型、厚度等数据，即可自动确定激光的波长、功率等参数。这种激光系统结构简单、易携带、安全性好，安装在舰上可直接修复腐蚀部位而无需入坞维修，从而延长舰艇执行海上任务的时间。

2. 美国海军水面战中心为作战系统研发自动腐蚀测试系统

2021 年 2 月，美国海军水面战中心怀尼姆港分部与加州大学圣塔芭芭拉分校合作，将建立一个自动腐蚀测试系统（图 11），以解决海军作战系统的腐蚀问题。该测试系统通过将物体浸入水/溶液及周围大气中模拟腐蚀过程，利用计算机界面管理系统控制水温、盐度和 pH 值。该系统采用了模块化设计，有利于试验过程控制和特定数据收集。该测试系统有望用于舰船总体维护，将解决材料选择、合金和涂层性能等问题。

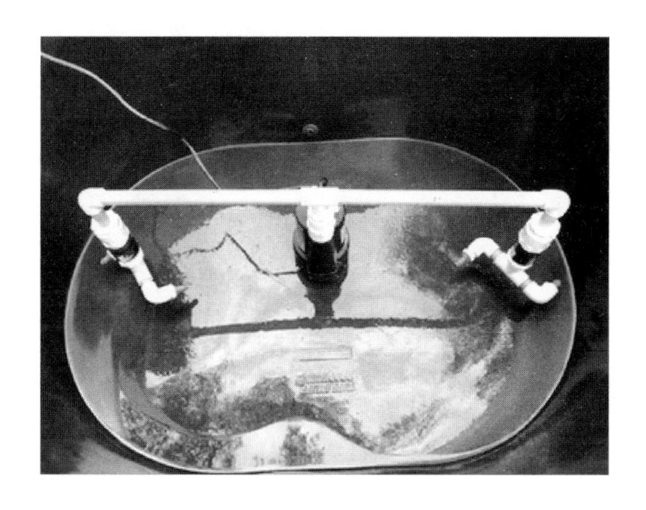

图 11　自动腐蚀测试系统

3. 加拿大皇家海军有望采用新型腐蚀防护系统

2021 年 2 月，Evac 公司为加拿大皇家海军的一艘“保护者”级联合支援舰安装加压电流阴极保护系统，以保护船体免受海水腐蚀。“保护者”级联合支援舰将在北极地区巴芬岛执行任务，因此要求加压电流阴极保护系统必须能承受极冷环境。该系统由经特殊加固的椭圆形阳级，以及与晶闸管控制面板相连的参比电极组成，并在船尾处设置主控制面板。主控制面板可自动记录和分析系统性能数据，从而监控整个系统的运行情况。椭圆形阳极由超厚外壳和倍增板构成，有较强的抗冲击性能。加压电流阴极保护系统可在 50 伏电压下工作，能提供较大的驱动力，确保船体始终获得最佳的腐蚀防护效果。

4. 新型电沉积工艺将显著提升船用涂层使用效能

2021 年 10 月，美国海军公布了一项专利技术——“用于沉积化学转化涂层的电解工艺”。该工艺能够在不到 1 小时内实现“感应电流”沉积，在不牺牲附着力的前提下实现金属基材上涂层性能和厚度的提升。新工艺得到的电沉积涂层符合附着力标准 ASTM D3359 和军用涂层标准 MIL – DTL – 81706。在 AA2024 – T3 铝合金面板上持续进行 4 ~6 周盐雾试验，发现合金表面未产生点蚀，其防腐性能比海军标准涂层高 2 ~3 倍。新工艺可提高满足军用涂层标准 MIL – DTL – 81706 的非铬转换涂层性能，涂层重量可达到典型控制浸渍工艺制备的涂层的3 ~8 倍，从而提高稳定性和盐雾保护能力，且不会产生粉状沉积层。此外，新工艺对沉积设备进行了改进，整个沉积系统的成本大幅降低。目前，沉积设备的容量已达到约227 升，同时也在研制一种手持便携式电沉积设备，用于现场维护。

（三）舰船无损检测技术层出不穷

2021 年，舰船新型无损检测技术层出不穷，将推动船舶建造质量提升。

1. 橡树岭国家实验室开发出增材制造零件缺陷检测新方法

1 月，美国橡树岭国家实验室研发出一种用于金属增材制造零件的 X 射线断层扫描方法，可实现快速准确地检测内部缺陷。受射线束硬化效应的影响，X 射线断层扫描方法对微小缺陷的检测能力有限。研究人员基于深度神经网络开发出一种新算法，结合计算机辅助设计创建新模型，并利用模拟数据对其进行训练。该算法有效减少了检测图像中的噪点和伪影，提高了 X 射线断层扫描方法的图像分辨率和缺陷检测能力，将有助于增材制造零件的鉴定和认证。

2. 美国海军船厂将采用推进轴检测新技术

3 月，美国海军水面战中心研发出用于潜艇和水面舰的传动轴锥度分析评估（STAVE）系统（图 12），可提高传动轴锥度的一致性，并减少传动轴维修的工作量。传统传动轴检测过程中，需使用重达 907 千克的锥度量规，导致检测效率较低。该评估系统无需使用支架和索具，仅通过光照射传动轴，并将相关的位置和深度等信息反映在传动轴表面。目前，朴茨茅斯海军船厂和诺福克海军船厂已应用 STAVE 评估系统，海军水面战中心还计划使用该技术检查航空母舰转向舵的锥度。

图 12　传动轴锥度分析评估系统

3. 美国海军水面战中心采用数字孪生技术开发新型健康监测系统

9 月，美海军水面战中心卡迪洛克分部、怀尼米港分部以及费城分部合作开展一项为期三年的海军创新、科学与工程项目，旨在利用数字孪生技术提升舰队基于状态的维修能力。项目计划设计、开发和演示一种自主连续监测系统，用于海军自防御试验舰船体、机械和电气系统的健康监测。目前，美国海军主要通过船员手持分析仪收集潜艇的振动数据，再将收集的振动数据发送给技术专家分析，从而实现健康监测。但是，这种健康监测方法耗时长、信息反馈延迟、错误率高。新开发的监测系统将为潜艇和航空母舰的相关机械结构配备传感器，利用边缘计算和数据特征提取辅助数据收集，并利用机器学习算法确定相应系统和结构是否正常运行，借助数字孪生技术预测未来可能发生的故障情况。该系统于 2022 年 1 月在自防御试验船（图 13）上完成安装、测试和数据收集。

图 13　美国海军自防御试验船（退役的“保罗·F·福斯特”号驱逐舰）

（中国船舶集团第七一四研究所　方楠　王敏　陕临喆）

2021年兵器先进材料技术发展综述

2021年，国外兵器用材料技术开发主要集中在金属合金材料、3D打印技术、纤维织物技术、先进防护材料与智能材料五个方面。金属与合金技术开发着力提升新型钢材、高熵合金、铝合金等材料的强度、硬度、延展性、耐温性等综合性能，拓展应用潜力；3D打印技术及相应工具和平台技术开发受到军方高度关注，旨在加快空中和地面车辆结构用3D打印组件开发，促进3D打印技术应用；纤维织物技术持续向功能化发展，旨在提高装备数字化和生化防御水平；先进防护材料技术持续取得创新成果，将提升飞机隐身性能、高超声速武器热防护性能、装甲防护性能以及钢结构的耐腐蚀性能；智能材料技术保持活跃发展态势，在主动伪装、压电材料、自修复材料、自推进材料等方面取得多项成果，将提高士兵与装备的伪装能力与防护能力，以及车辆或机器人的发电能力与推进能力。

一、先进结构材料

2021年，金属与合金材料及其3D打印技术是结构材料研发热点，旨在持续提升钢材、高熵合金和铝合金等材料性能，并发展高强度镁合金或钢材的3D打印技术，拓展3D打印技术在军事装备上的应用。

（一）持续提升金属合金材料性能，拓展在武器装备上的应用潜力

2021年，金属与合金技术开发主要是通过材料组分设计、结构设计、纳米技术以及人工智能技术，提升新型钢材、高熵合金、铝合金等材料性能，拓展其在车辆、航空装备、弹药等领域的应用潜力。

1. 新型钢材与弹壳设计提升钻地弹的侵彻能力

为了进一步提升钻地弹的侵彻能力，加拿大先进材料开发公司研制出名为“军用钢”的新型钢材。与美军钻地弹当前使用的“埃格林钢”相比，在相同的延展性和韧性水平下，新型“军用钢”具有更高的硬度和强度以及更好的机械加工性能，并且通过降低钼含量和消除钨元素，新型“军用钢”的原材料总成本降低50%以上。采用“军用钢”整体式外壳的BLU-122侵彻弹，针对强度为34.5兆帕的混凝土的侵彻深度要比采用“埃格林钢”标准外壳的侵彻弹高40%。研究人员还设计出一种新的复合式外壳，针对抗压强度138兆帕、厚度6米的超高性能混凝土掩体具有侵彻能力，可用于不同类型的侵彻弹，包括BLU-122、BLU-109、BLU-137/B、巨型钻地弹、高速钻地武器等。

2. 利用梯度晶胞结构同时提高高熵合金的强度和延展性

与传统材料相似，大多数高熵合金在增加强度的同时也会降低延展性。10月，美国橡树岭国家实验室利用周期性扭剪把纳米级梯度位错晶胞结构可控引入稳定的单相面心立方结构高熵合金$Al_{0.1}CoCrFeNi$中，激活了一种新型堆垛层错诱导塑性机制，在不明显损失延展性的情况下显著提高了材料强度。与其他类型的梯度结构合金相比，梯度位错晶胞结构的$Al_{0.1}CoCrFeNi$高熵合金具有更高的强度和延展性。梯度位错晶胞结构可用于多种合金，

能够实现先进工程应用所需的卓越性能，有利于推动车辆、航空航天、配电等领域用先进材料技术发展。

3. 使用布谷鸟搜索算法大幅提升高熵合金设计速度

作为一种新兴材料，高熵合金在强度、抗断裂、耐腐蚀、抗氧化方面性能十分突出，能够很好地适应高温高压极端环境，在航空航天、核工业及国防工业领域具有巨大应用潜力。但是，高熵合金至少由5种以上不同的元素组成，众多元素之间相互组合，可形成数以亿计的配方，很难通过实验验证的方法确定配方，开发成本居高不下。1月，美国爱荷华州立大学艾姆斯实验室和里海大学研究团队受布谷鸟的巢寄生性启发，开发出一种布谷鸟搜索算法（图1），可将高熵合金预测性设计的搜索时间从数周缩短到几秒钟，搜索速度提高1.3万倍。新算法是一种群智优化算法，采用随机游走的方式从可能的备选方案中寻求最优解，克服了高熵合金建模设计的瓶颈，可以完成数量庞大的方案设计，加快合金设计模型的生成，有利于创建出可实现的合金系统，不仅可用作材料模拟的试验台，还适用于任何需要优化算法的研究领域。未来，研究团队将利用布谷鸟搜索算法加速其他复杂合金系统的计算建模，优化合金系统设计，开发出高性能合金系统。

图1　美国利用布谷鸟搜索算法开发高熵合金

4. 利用纳米颗粒直接构建超硬金属

当前常用的金属锻造和硬化方法都是自上而下改变晶粒结构，很难控制最终晶粒大小。1 月，美国布朗大学研究人员发现一种自下而上定制金属晶粒结构的方法。该方法是先制造出纳米颗粒模块，然后将其挤压融合在一起，获得均匀的晶粒尺寸，并能通过精确调控来增强金属性能。利用该技术制造的金属的硬度是自然形成的金属结构的4 倍。该技术的关键是利用有机分子配体覆盖金属纳米颗粒，这种分子会阻止金属纳米颗粒之间形成金属-金属键；然后利用一种化学方法剥离这些配体，让纳米晶簇只需较小的压力就可融合在一起。该技术可以用于制造超硬金属涂层、电极、热电发电机或工业零部件，具有广泛应用潜力。

5. 新型铝合金能够承受400℃高温

2021 年 11 月，俄罗斯莫斯科国立科技大学开发出一种新型铝合金结构及其线材制备技术，其耐温性能比同类产品高 100 ~ 150℃，可大幅降低新型轨道车辆、飞机和其他机械装备的重量。这种新型铝合金中含有铜、锰和锆元素，其约 10% 的体积百分含量是含有锆和锰的特殊纳米颗粒，这些纳米颗粒均匀地分散在铝基体中，赋予铝合金卓越的导电性以及强度和耐温性等综合特性，而且其成本较低，易于生产，可以承受高达 400℃ 的温度，当前已知铝合金在 250 ~ 300℃ 时就会显著软化。新型铝合金是利用一种电磁结晶器制造的，使用的是由 RPC 磁流体动力学公司开发的 ElmaCast 技术。未来，研究团队将继续优化这种新型铝合金的化学成分和加工工艺，进一步提高其综合性能。

（二）加强 3D 打印技术开发，减轻装备重量并降低后勤负担

3D 打印技术在按需交付武器装备零部件、提高部队远征能力方面具有显著优势。传统 3D 打印技术使用的是聚合物材料，开发金属 3D 打印技术

是拓展3D打印技术军事应用的重要途径。

1. 高强度镁合金3D打印将满足装备现代化关键减重需求

2021年3月，美国陆军研究实验室与中佛罗里达大学合作，优化了高强度镁合金3D打印工艺。研究团队通过设计镁合金微网格结构中网格单元的类型、网格支杆的直径和单元格数量，利用激光粉末床熔融工艺制造出24种不同的镁合金微网格结构件（图2），确定了最佳工艺参数及结构件的压缩性能和断裂模式。优化的工艺参数是：激光功率200瓦，扫描速度1100毫米/秒，切片厚度0.04毫米。利用该工艺能够生产出致密（>99%）的WE43镁合金微网格结构。当网格支杆直径为0.75毫米、单元格数为10，且网格为立方萤石微网格结构时，材料的抗压强度和比强度最高，分别为71.48兆帕和38.85兆帕·克$^{-1}$·厘米^{3}。该项研究成果表明，利用3D打印技术可以将先进的轻质合金材料与新颖的多尺度结构结合起来，开发出轻质结构件，从而大幅降低武器装备的重量，满足美国陆军现代化对于装备减重的关键需求。

图2　3D打印的镁合金微网格结构

2. 增材制造的 Ferrium C64 钢将为陆军旋翼机提供更安全的轻质部件

2021 年 8 月，美国 QuesTek 创新公司披露了其利用增材制造技术开发的 Ferrium C64 新型钢材。QuesTek 公司是美国“未来先进旋翼机驱动系统”项目的子承包商，其设计的新型高性能齿轮钢 Ferrium C64 具有较高的芯强度、良好的韧性和表面淬透性、改进的可加工性（降低加工成本和时间）以及耐温性能。Ferrium C64 具有多方面应用优势：

（1）满足旋翼机变速箱较长时间无油工作需求。使用现有钢材，陆军旋翼平台无法实现 30 分钟无油工作，而 Ferrium C64 部件在持续 85 分钟的测试中没有出现任何故障迹象，能够满足变速箱超过 30 分钟的润滑损耗要求。

（2）与现有材料相比，Ferrium C64 能够使旋翼机功率密度提升 25%。

（3）与传统材料制造的变速箱相比，Ferrium C64 能够使变速箱设计更轻，在更高温度下工作，安全性更高。Ferrium C64 钢的成功开发，将促进旋翼机部件快速原型化，有望制造出更强、更轻、更安全的零部件，减少系统鉴定和部署所需的时间，提高陆军直升机的性能和安全性。

3. 3D 打印用机器学习工具促进增材制造材料与工艺的快速表征与鉴定

美国森沃尔公司 3 月宣布，已从美国海军和空军获得资金，开发 Senvol ML 机器学习软件，分析 3D 打印工艺参数与材料性能之间的关系。Senvol ML 软件采用模块化集成计算材料工程系统，可将数据分为四个模块：工艺参数、工艺特征、材料特性和机械性能。客户可以使用 Senvol ML 的分析结果来预测材料或工艺的性能如何，并从所需的结果（如抗拉强度）向后反推，查看什么样的工艺或材料可以实现所需性能，甚至可以建议将来收集哪些数据来更好地了解工艺过程。在材料、工艺和机器均不可知的情况下，Senvol ML 软件对于任何类型的增材制造都是有用的。2020 年，美国空军就曾使用 Senvol ML 评估了多激光金属 3D 打印工艺。美国陆军也宣布将利用 Senvol ML 软件对 3D 打印导弹零部件进行鉴定。美国国防部对森沃尔公司的持续支持，将使国防部未来能够快速表征或鉴定增材制造材料与工艺。

4. 3D 打印数字化平台加速空中和地面车辆用 3D 打印组件生产

美国陆军研究实验室与克莱姆森大学复合材料中心和 3D 系统公司签署了一项合作协议，将创建一个人工智能增强的 3D 打印用数字化平台，帮助工程师更快、更经济地设计、分析和制造具有嵌入式多功能特性的大型复杂形状零部件，如具有电力传输、能量存储、传感和自身监测功能的地面车辆和飞机结构，实现尺寸、重量、功率和成本效益。陆军研究实验室与克莱姆森大学将开发一个包含金属、塑料和复合材料在内的原材料数据库，然后将其用于训练人工智能，创建新型原材料数字模型。为了创建数据库，研究人员要先打印出材料样品，并对其进行一系列测试，以获得其化学、机械和热物理性能数据。3D 系统公司表示，通过与陆军研究实验室合作，公司在开发世界上最大、最快的金属粉末 3D 打印机方面取得了长足进步；联合克莱姆森大学的专业技术能力，将使公司进一步实现技术突破，包括开发新的现场检测方法，以及从每层打印材料中收集数据，实时可视化制造 3D 打印组件。这将加快多种陆军用 3D 打印组件的开发，促进用于空中和地面车辆结构的 3D 打印组件的生产。

二、特种功能材料

2021 年，国外着力提升纤维与织物材料的数字化功能与化生放核防御功能，并持续发展具有隐身、热防护、装甲防护、定向能防护等功能的先进防护材料。智能材料技术保持活跃发展态势，重点在于提升主动伪装能力、自修复能力、高温压电性能以及自推进功能。

（一）纤维与织物材料持续功能化，提高装备数字化能力与生化防护性能

纤维与织物材料的数字化与多功能化是国外材料技术开发的热点之一。2021 年，美国开发的可编程数字纤维将为实现首套数字化智能军服开辟道路；美国和澳大利亚都注重发展生化防御织物，并授出大额研发合同；美国开发的碳纳米管纤维织物可把热量转化为电能，为纺织电子器件、能量捕获装置、热电主动冷却技术发展奠定了基础。

1. 可编程纤维为数字化智能军服发展奠定基础

2021 年 6 月，在美国陆军士兵纳米技术研究所等机构支持下，麻省理工学院首次开发出可编程数字纤维。这种纤维是将数百个方形硅微型数字芯片放入聚合物预制件中，然后精确控制聚合物的流动，最终制成长达数十米的芯片间具有连续电连接的纤维。该纤维内含温度传感器、存储设备和神经网络，能够感知、存储、分析和预测人体活动；还可以编写、存储和读取数字信息，包括 767 千字节的全彩短片和 0.48 兆字节的音乐文件；纤维很薄且具有柔性，洗涤 10 次以上也不会损坏。将这种数字纤维用于军服时，可以收集和存储多天的体温数据，并通过数字纤维中具有 1650 个神经元连接的神经网络，以 96% 的准确率实时预测士兵身体活动，执行生理监测、医疗诊断和早期疾病检测等功能，为实现首套数字化智能军服开辟道路，大幅提高士兵生存力和战斗力。

2. 革命性织物提高部队生化防御能力

2021 年 4 月，美国前视红外系统公司获得美国国防高级研究计划局一份合同，旨在快速开发能够防御生化战剂的新型织物，包括 VX 神经毒剂、氯气、埃博拉病毒等。这种革命性织物将嵌入催化剂和化学物质，可以对抗接触时的化学和生物威胁，用于靴子、手套和护眼用具等防护装备。该合同价值高达2050万美元，前视红外系统公司已经获得了1120万美元的启动资金。10月，澳大利亚政府授予DMTC公司一份价值300万美元的合同，用于开发突破性防护织物技术，以改进澳大利亚国防军使用的防护装备。DMTC公司将利用创新织物开发一种轻型化生放核防护服，这种防护服能够在非常艰苦的环境下减少人员中暑和疲劳，保护澳大利亚国防军免受化生放核制剂的侵害。

3. 碳纳米管纤维织物把热量转化为电能

2021年8月，美国莱斯大学领导的国际研究团队在美国能源部、国防部和空军资助下，研发出一种定制的碳纳米管纤维。这种碳纳米管纤维具有约14毫瓦·米$^{-1}$·度$^{-2}$的巨大功率因子，利用其制造的纤维增强柔性织物，能够把热量转化为电能，为LED供电。这种织物的热电发电机展示出高热电性能、可编织性和可扩展性，有望成为纺织电子器件和能量捕获装置的重要基础，也可用作散热器材料，高效主动冷却敏感电子器件，成为热电主动冷却这一新兴领域的潜在候选材料。

（二）创新开发先进防护材料技术，持续提升武器装备生存力

2021年，先进防护材料技术不断创新，着力提升武器装备的隐身性能、热防护性能、装甲防护性能、耐腐蚀性能以及针对定向能武器的防护能力。

1. 新型陶瓷复合吸波涂层将变革下一代隐身飞机设计

现有隐身飞机都涂覆能吸收雷达波的聚合物基复合材料，这些材料可吸收70%～80%的雷达波能量，使飞机的雷达信号非常微弱，极难被雷达发现。但现有雷达吸波材料有明显局限性：一是聚合物吸波材料不坚韧，暴露在盐、水分和磨损物质下会很快使性能退化甚至脱落；二是聚合物吸波材料在高于250℃的温度下会分解，这会带来重大设计挑战，需要对飞机上两个特别热的位置上的蒙皮进行特殊设计。美国北卡罗来纳州立大学开发出一种新型雷达吸波材料。这是一种由氧化钇稳定的氧化锆纤维（或硼化锆纳米颗粒）增强的碳氮化硅（或碳氧化硅）陶瓷材料，根据性能需要可引入碳纳米管陶瓷复合材料夹层。实验测试表明，该陶瓷材料比现有聚合物材料雷达吸波能力强，能吸收90%以上的雷达波能量，并且能更好地抵御恶劣环境，在高达1800℃（或低至-100℃）的温度下仍能保持雷达波吸收特性。该技术有望创造出具有理想隐身特性的更坚韧蒙皮，变革下一代隐身飞机的设计。

2. 先进热防护材料技术促进高超声速飞行器项目发展

美国高超声速项目面临的最大挑战是，需要开发可扩展的、价格合理的热防护系统，这些热防护系统要能够根据特定任务进行定制并持续优化性能。7月，美国Spirit航空系统公司与奥尔巴尼工程复合材料公司签署技术合作协议，将Spirit航空系统公司的超高温复合材料和结构技术与奥尔巴尼工程复合材料公司的大体积三维编织、近净成形复合材料生产经验相结合，为高超声速项目设计、开发和制造可扩展的、具有高度适应性的、经济实惠的热防护系统，降低制造高超声速飞行器用大面积壳体结构的风险，加速高超声速项目进程。9月，俄罗斯科学院开发出石墨烯改性的二硼化铪—碳化硅复合陶瓷热障涂层。该涂层是在1800℃的温度下，通过反应热压工艺制备的，在热通量为779瓦·厘米$^{-2}$的高焓值气流加热下，表面温度不超过1700℃，这相比于未添加石墨烯的二硼化铪—碳化硅陶瓷体系降低了650~700℃。该技术可以解决复合陶瓷热障涂层断裂韧性和抗热震性不理想、不能在循环加热模式下使用以及实际使用可靠性较低等问题，为复合陶瓷热障涂层在高速飞行器和推进系统热负荷部件等领域的广泛应用开辟了道路。

3. 装甲防护材料技术创新在减重的同时提供高防护性能

如何使装甲防护材料设计更好地平衡装备减重与高生存力需求，是当前装甲防护材料技术发展需要解决的关键问题。为提高对轻型装甲金属合金强化机制的理解，美国陆军开展了计算和理论建模研究，深入理解了金属合金强度与微观晶体缺陷（即位错）以及其他缺陷之间的关系，开发出预测材料失效的物理模型，有望加速金属合金在士兵和车辆轻量化中的应用。在美国陆军和海军资助下，麻省理工学院正在开发一种新型热解碳纳米网格结构。在比冲击能相同的情况下，这种纳米网格结构的尺寸效应可以提供比凯芙拉复合材料和纳米级聚苯乙烯薄膜高约70%的比能量耗散能力，并且其强度可在更大尺度上实现，未来有望用于制造更轻、更坚固的防弹装甲。8 月，新加坡南洋理工大学和美国加州理工学院联合开发出一种新型“锁子甲”织物。这种轻质织物由尼龙塑料聚合物3D 打印而成，其结构是空心八面体（具有8 个相等的三角形面）互锁结构。将这种柔性织物用塑料袋真空封装后，会变成一种刚性结构，其刚性要比未封装的松散结构高25 倍。这种织物平时像布一样柔软，但可根据需要改变刚性，提供防护能力，保护穿戴者免受冲击损伤或提高穿戴者的承重能力。该技术为下一代智能织物的发展铺平了道路，其潜在应用包括防弹或防刺背心以及防护性外骨骼。

4. 超材料技术提供针对定向能武器的防护能力

为对抗定向能威胁，美国海军开展了一系列基础研究，包括开发超材料结构，降低高能激光和高功率射频辐射。9 月，美国海军研究生院研究了变换光学超材料中的非线性效应。变换光学为确定电磁材料特性提供了一个非常有用的工具，可用于设计能控制电磁辐射路径的超材料结构。但变换光学依赖于材料对电场和磁场的完全线性响应。为研究变换光学衍生结构在高场强下的行为，研究人员对这种结构的麦克斯韦方程组应用迭代解，并将研究结果与线性转换光学模型的模拟结果进行比较发现，响应场的振幅与入射辐射波长有很强的相关性，对麦克斯韦方程组应用迭代解可以适应定向能武器产生的非线性效应。该研究对设计防御定向能武器的结构具有重要意义。

5. 柔性自愈涂层保护钢免受腐蚀

设计一种既能在非生物环境也能在生物环境中具有卓越抗腐蚀性能的材料是金属耐腐蚀技术开发面临的长期挑战。10 月，美国莱斯大学和南达科他矿业理工学院的研究人员组成的研究团队，设计出一种具有高刚度和延展性的轻质硫硒合金（图3）。该合金可用作耐腐蚀涂层，使低碳钢在非生物和生物环境中的腐蚀速率比裸金属降低6 ~7 个数量级，对各种环境中钢的保护效率达99.9%。该涂层具有很强的黏合性和机械性能，以及良好的损伤或变形恢复特性，能显著降低涂层中产生缺陷的可能性。研究人员将硫硒合金薄膜切成两半并将它们彼此相邻地放置在加热板上来测试硫硒合金薄膜的自愈性能。结果发现，当加热到大约70℃时，分离的两部分在约2 分钟内重新连接成一个薄膜，并且可以像原始薄膜一样折叠。在130℃下加热15 分钟还可修复针孔缺陷。而且，自愈的涂层能够像原始涂层一样提供防护效果。这种先进的硫硒合金涂层结合了无机涂层和聚合物涂层的性能，未来可用于建筑物、桥梁以及水上或水下设施，在生物和非生物环境中提供卓越的耐腐蚀性能。

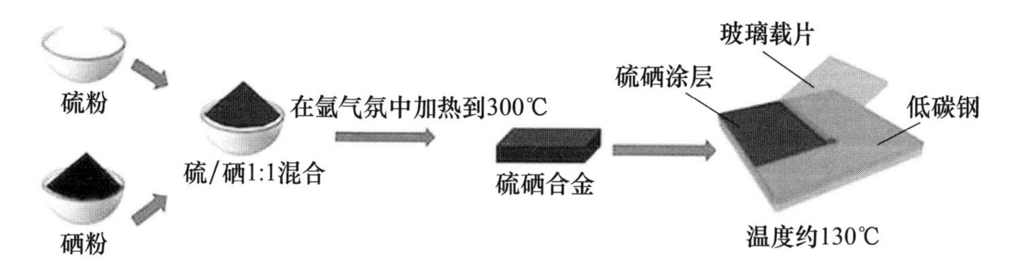

图3　硫硒合金涂层制备工艺示意图

（三）智能材料技术开发活跃，将提升装备伪装防护能力与机器人自推进能力

2021 年，国外智能材料技术开发保持活跃的发展态势，在主动伪装材料、压电材料、机器人用自推进材料等方面取得多项创新成果，有望为战场上的士兵提供类似变色龙的伪装能力，或使机器人无需外力实现自推进。

1. 主动伪装材料提供多光谱伪装防护能力

自然界的很多动物具有主动伪装能力。它们皮肤内含有“色素体”，可以在外部刺激下扩张或收缩内部的反射片，使皮肤的颜色和图案匹配周围环境。在美国陆军研究办公室等机构支持下，宾夕法尼亚大学根据动物的主动伪装原理，利用螺旋形排列的液晶聚合物网络制备出薄且柔韧的薄膜，开发出一种人工色素体。这些人工色素体中的分层液晶有自己的反射颜色，薄膜位于网格状排列的微小空腔上，每个空腔都可以通过气动充气达到精确压力。腔体膨胀时，薄膜拉伸，厚度变小，表面颜色改变。这些薄膜不需要很大的拉伸就可呈现可见光谱内的任何颜色，变形不到 20%。而过去使用类似机制的变色材料，需要变形 75% 才能从红色变为蓝色，无法用于尺寸固定的系统，如显示器或窗户。这种色素体可按需瞬间变色，工作光谱涵盖近红外、可见光到紫外光谱，适用于军事伪装以及密码学、自适应光学、软体机器人、传感器等多种应用领域。

2. 电致变色伪装涂层使装甲车辆不会被无人机探测到

俄罗斯利用电致变色材料开发出一种类似“变色龙”的伪装涂层技术，当施加电流时，电致变色材料会改变颜色和透明度，起到伪装效果。这种新的伪装涂层系统的工作原理是：利用小块电致变色材料完全覆盖装甲车外表面，每块电致变色材料都连接到电路上；系统利用摄像机扫描整个环境，同时分析环境景观的颜色和结构，向电致变色涂层发布指令，创建伪

装图像，使车辆从不同角度看都能完全融入地形。该涂层的首个原型已经在“战士”未来士兵系统上进行了展示，并且已经在装甲装备模型上进行了测试。该技术一旦大规模应用，将使95%的北约无人机无法有效地探测到俄罗斯的装甲车。

3. 自修复服装能够为士兵提供更好的防护能力

加拿大国防部希望开发受损后可自修复的服装，为战场上的士兵提供更好的防护能力。为此，加拿大国防部投入900万美元，由卡尔顿大学、蒙特利尔理工学院、马尼托巴大学、英属哥伦比亚大学和舍布鲁克大学牵头，开展为期三年以上的研究，设计用于执行特定功能的新材料，包括自修复材料。例如，可在衬衫或防弹背心中嵌入一个胶囊，当衣服或装备受损时，胶囊爆裂并释放出液体或泡沫，固化并密封小孔，实现自修复。此外，研究人员还在开发可屏蔽无线电信号的面料，以及可编织到服装里的可打印电子器件，用于监测士兵在极端环境中的健康状况，提高士兵生存力。

4. 高温压电材料将扩大用于发动机和航空环境

压电材料在传感器和能量捕获器上具有广泛的应用前景，但这类材料在高温环境下应用效果较差，限制了其在发动机和航空航天等环境中的应用。例如，当前最先进的压电能量捕获器的最大有效工作温度范围为80～120℃，当温度超过120℃时，压电材料的性能开始显著下降，温度超过200℃时，压电材料将无法有效工作。1月，美国宾夕法尼亚州立大学和QorTek公司联合开发出一种新型压电材料，其在高达250℃的温度下表现出近乎恒定的高效性能，在高于300℃的温度下仍可在能量捕获器或传感器中发挥作用，是当前唯一一种能在250℃以上高温使用的压电材料。这种新型压电材料的另一个优点是发电性能优越，能够在车辆系统甚至人体等黑暗环境中连续供电。

5. 巨挠曲电效应材料大幅拓展机器人的活动范围

自然界中的一些材料可以充当能量转换器，在通电时变形或在变形时发电，这种性能被称为压电性，可用于制造传感器和激光电子设备等器件。然而，这些天然材料数量非常少，并且大都由坚硬的晶体结构组成，通常是有毒的，无法广泛应用。6 月，美国休斯敦大学和空军研究实验室联合，利用柔性弹性体材料演示了“巨挠曲电效应”技术。研究人员设计出一种特殊的软弹性体，通过在分子水平上重新排列聚合物链，使软弹性体获得比传统水平高近 10 倍的巨大挠曲电性。该技术还可进一步优化，使软弹性体无论产生何种拉伸变形，都能生成一定量的电力；或者控制各种物理刺激产生的电量，使材料执行定向动作，用于制造软体机器人和软传感器。该技术可增加机器人的活动范围并使自供电起搏器成为现实，为改进机器人和自供电起搏器技术铺平了道路。

6. 自推进材料使机器人无需外力即可自行移动

许多植物和动物，例如捕蝇草、蚱蜢和长颚蚁，都会使用类似弹簧的特殊结构实现快速移动，其移动速度要比仅使用肌肉产生的运动快得多。在美国陆军资助下，马萨诸塞州大学阿默斯特分校开发出一种新方法，能够制造出具有自推进能力的新材料，使材料无需外部助力（如电动机）即可移动。研究人员在观察凝胶条干燥的实验中发现了一种物理现象，即当长而有弹性的凝胶条由于蒸发而失去内部液体时，凝胶条会自行移动，虽然大多数移动都很缓慢，但每隔一段时间就会加速。这种加速运动不稳定，随着液体进一步蒸发，这种不稳定运动会持续发生。研究团队试验了不同形状的材料，以找到能够以预期方式发生反应的最佳形状，实现不断重复的运动，且无需电动机或手动即可复位，甚至能够自己爬上楼梯。该项研究说明，材料利用与环境的相互作用（如蒸发）即可产生强有力的运动，这对于设计新型机器人非常重要，特别是难以安装电动机、电池或其他能源的小型机器人。该技术能够使未来军用机器人依靠周围环境中的能量自推进，在未来陆军和国防部致动与动力系统中有很大应用潜力。

（中国兵器工业集团第二一〇研究所　李静）

2021 年电子信息功能材料技术发展综述

2021 年，以氮化镓、碳化硅为代表的宽禁带半导体材料，磁性材料、二维电子材料等电子材料在新材料探索、材料性能改进、元器件应用等方面取得大量新成果。

一、宽禁带半导体

受全球半导体技术快速发展、产业竞争日益激烈的影响，美国、德国、韩国等半导体技术先进国家通过各种方式加强宽禁带半导体材料技术发展，碳化硅制备技术、氮化镓器件性能都取得了长足进步。

（一）世界各国大力发展宽禁带半导体材料技术

2021 年 1 月，美国 MACOM 公司与美国空军签订合作研发氮化镓 - 碳化硅（GaN - on - SiC）技术协议，将空军的 0. 14 微米 GaN - on - SiC 工艺转移到 MACOM 进行生产，扩展技术标准，实现氮化镓功率器件行业领先的频率和功率密度，用于卫星通信系统，以及陆基、空基和海基雷达系统等。9 月，美国国家科学基金会向科学技术中心提供为期 5 年、价值 2500 万美元的资助，以建立现代按需光电材料集成中心（IMOD）。该中心由 11 所大学组建。该集成中心研究将侧重于新型半导体材料和可扩展制造工艺，以及新的光电器件研制。基于光电子学的器件，如发光二极管、半导体激光器、图像传感器以及量子通信和计算技术的构建块（如单光子源），其应用包括传感器、显示器和数据传输。特别是，光电子学有望在量子信息系统的发展中发挥关键作用。

2021 年 10 月，美国国家科学基金会资助阿肯色大学 1787 万美元，用于建造和运营国家碳化硅研究和制造设施（图 1）。作为美国唯一可公开访问的制造设施，向外部研究人员开放，用于为军事和工业应用提供集成电路、传感器和设备，以及用于重型运输和建筑设备的系统，开发的电子设备还将支持用于地热和太空探索的系统。11 月，美国阿肯色大学的国家碳化硅设施从美国陆军获得 500 万美元的赠款，用于制造专注于碳化硅半导体器件、传感器和集成电路的尖端设备和基础设施，为美国陆军制造更节能、更耐热的集成电路，用于紧凑而坚固的电子设备，解决国防领域的问题。

图 1　美国阿肯色大学国家碳化硅设施

2021 年 3 月，韩国宣布计划在未来 10 年内斥资 4500 亿美元用于建立新的半导体制造能力，旨在提高国家先进的逻辑芯片代工能力。资金主要来自韩国的约 152 家公司，政府为研发投资提供 40% ~50% 的税收抵免，为新设施提供 10% ~20% 的税收抵免。

2021 年 3 月，英国斯旺西大学已获得英国政府 480 万英镑的资助，用于制造碳化硅功率半导体器件，以实现家庭、交通和工业中使用更高效的电力电子设备，从而实现国家的净零碳目标。英国将投资 2850 万英镑，在包括工业、运输和能源在内的各个部门建立具有竞争力的电气化供应链。

2021 年 3 月，瑞典林雪平的外延晶圆代工厂 SweGaN 公司与德国费迪南德·布劳恩研究所、德国莱布尼茨学院高温技术研究所和英国布里斯托大学合作开展“Kassopeia”项目，用于“有源天线的欧洲 Ka 波段高功率固态技术”开发，重点关注氮化镓 - 碳化硅（GaN - on - SiC）外延材料，以实现高效、高性能的 Ka 波段氮化镓单片微波集成电路。该技术将与用于卫星通信波束控制天线、5G 基站以及雷达应用的设备高度相关。

2021 年 9 月，德国英飞凌科技股份公司和日本大阪的松下公司签署了一项协议，共同开发第二代（Gen2）经验证的氮化镓技术，以提供更高的效率和功率密度水平。Gen2 将开发为 650V 氮化镓高电子迁移率晶体管，用于高功率和低功率开关模式电源、可再生能源和电机驱动等。Gen2 将基于常关型 GaN - on - Si 晶体管结构，除了具有与 Gen1 相同的高可靠性标准外，还将实现 8 英寸晶圆制造，以显著降低成本。新的 650V 氮化镓 Gen2 器件计划于 2023 年上半年上市。

（二）多种波段领域的氮化镓射频器件性能提升

2021 年 3 月，美国 Wolfspeed 公司推出了 4 种新型碳化硅上多级氮化镓

（GaN－on－SiC）单片微波集成电路器件，适用于X波段各种脉冲和连续阵列相控阵应用，包括海洋、天气监视和新兴的无人机系统雷达。这些氮化镓器件支持多级增益，可减少传输链中所需的设备数量，采用行业标准的小型封装以实现高功率附加效率，能够满足与更小尺寸、更轻重量和更高功率相关的关键射频系统要求，同时达到新的性能水平。

2021年6月，美国Qorvo公司推出首款商用电子可重构双频段（S和X频段）系列氮化镓功率放大器。该放大器使单个雷达平台能够在多个应用中使用，具有精确的远程和短程能力，并将占地面积减少50%，同时提高整体性能，促进国防、气象和商业航空电子设备雷达架构的革命性转变。

2021年6月，荷兰恩智浦公司率先将氮化镓技术集成到多芯片模块平台中，将氮化镓的高效率与多芯片模块的紧凑性相结合，推出了面向5G大规模MIMO的射频解决方案，取得5G能效的里程碑。在多芯片模块中使用氮化镓可将2.6吉赫的产品线效率提高至52%，并可实现400兆赫的瞬时带宽。

2021年8月，美国Qorvo公司推出用于S波段（3.1～3.5吉赫）雷达的125瓦氮化镓功率放大器模块。该模块具有30分贝的高增益和62%的功率附加效率，体积比相同产品小70%，可显著降低整体系统功耗。

2021年11月，日本住友电气工业有限公司推出用于X波段雷达的高功率氮化镓射频固态功率放大器（图2），能够满足一代X波段雷达在尺寸、重量、功率和成本方面的挑战，同时还具有高于电子管放大器的可靠性。新产品包括5个新型X波段氮化镓器件，分别为8.5～9.5吉赫、9.0～10.0吉赫、9.8～10.5吉赫、9.2～9.5吉赫、8.5～10.1吉赫，整体效率为37%～38%。

图2　日本住友公司高功率氮化镓射频固态功率放大器

（三）新型制备工艺及检测技术推动宽禁带半导体材料应用

2021 年 2 月，英国剑桥 Kubos 半导体有限公司利用立方晶相氮化镓研制出首个商业用氮化镓发光二极管。使用氮化镓的立方晶相消除了内部电场，提高了带隙，克服了传统氮化镓发光二极管的局限性，最终可以在绿色间隙区域（从绿松石到琥珀色）高效发光，并且可以使用普通制造设备在 150 毫米直径的基板上生产，实现全彩显示器的微型发光二极管的革命性进展。

2021 年 5 月，美国弗吉尼亚理工学院与和中国恩克里斯半导体公司联合使用金属有机化学气相沉积在蓝宝石上连续生长 20 纳米 p + 氮化镓和 350 纳米 p – 氮化镓薄层，最终制造出多通道肖特基势垒二极管。该二极管采用 p – 氮化镓还原表面场结构，旨在降低峰值电场，多通道结构降低了导通电阻，最终实现高达 10 千伏的击穿电压。该多通道肖特基势垒二极管（SBD）中 1 毫安/毫米电流密度开启电压为 0. 6 伏；3 伏开/关电流比是所有报道的 5 千伏器件中最高的。与 4 英寸碳化硅相比，4 英寸蓝宝石基氮化镓晶圆的成本大约低 2 ~ 3 倍，芯片尺寸更小。预计氮化镓多通道肖特基势垒二极管的材料成本将远低于类似评级的碳化硅多通道肖特基势垒二极管。

2021 年 6 月，比利时大学校际微电子中心和比利时根特大学使用具有纵横比捕获和纳米脊工程的金属有机气相选择性区域外延生长，在 300 毫米硅上制备出单片集成砷化铟镓（InGaAs）光电探测器，其暗电流密度达到创纪录的 1.98×10^{-8}安/厘米^2，可以解决砷化铟镓在集成制备过程中由于晶格失配导致的缺陷密度高的问题。这些器件有望进一步与硅光子学平台进行Ⅲ－Ⅴ族材料集成，为未来的 O 波段（1260～1360 纳米）和 C 波段（1530～1565 纳米）电信光纤应用提供高效的光生成和放大方法。

2021 年 7 月，瑞士半导体设备制造商 ST 微电子公司已制造出第一批 200 毫米（8 英寸）碳化硅体晶圆，用于下一代功率器件的原型设计。

2021 年 7 月，美国 AKHAN 半导体公司制造出第一块 300 毫米金刚石晶片。氧化物半导体金刚石晶片可以增强各行业电子产品的功率处理、热管理和耐用性，而对制造商现有的制造工艺几乎没有改变。生产 300 毫米金刚石晶片的能力至关重要，尤其是在航空航天、电信、军事和国防以及消费电子等先进行业。

7 月，日本的滨松光电设计和制造出光致发光测量发光效率的设备，并在此基础上开发了氮化镓晶体评估系统。该系统利用全向光致发光光谱以及公司独特的光检测技术（包括光学设计和数据处理）。全向光致发光测量系统可准确评估氮化镓晶体质量，有望成为一种强大的工具，可以大大提高氮化镓晶体质量的研发效率。

2021 年 10 月，日本名古屋大学使用氮化镓卤化物气相外延（HVPE）来生产具有“理想”击穿电压的垂直 p＋n 结二极管（PND）。在垂直功率器件中，通常需要低掺杂 n－氮化镓漂移层与重掺杂 p－氮化镓层。用于生长氮化镓层的传统的金属有机化学气相外延工艺会导致有机前驱体的碳掺入材料中，阻碍了低掺杂 n－氮化镓的实现。卤化物气相外延使用无碳前驱体，避免了碳掺入。同时，采用混合卤化物气相外延—金属有机化学气相外延工艺解决了适用于 p－氮化镓层的工艺问题。最终制备的氮化镓 N 功率器件的击穿电压在 25°C 时为 874 伏，在 200°C 时为 974 伏。随着温度升高，击穿增加，表明具有“理想的临界电场和雪崩能力”。

二、二维材料

二维材料技术聚焦材料性能改善，以及在量子位元、电子自旋领域的应用。

（一）新型制备工艺加速二维材料性能改善

二维材料的精确图案化是使用二维材料进行计算和存储的一种途径，与当今的技术相比，它可以提供更好的性能和更低的功耗。9 月，丹麦技术大学将纳米材料的图案化艺术提升到了一个新的水平，通过各向异性蚀刻对二维材料进行了超分辨率纳米光刻（图 3）。首先利用电子的电荷、自旋或谷自由度等量子特性进行计算，通过计算可以准确预测石墨烯中图案的形状和大小；然后使用精度小于 10 纳米的精密光刻机，在洁净室内设施中，将纳米材料六方氮化硼放在要图案化的材料上，然后用非常特殊的蚀刻配方钻这些图案中的孔。这些孔可用作掩膜，在石墨烯上绘制组件和电路；而用于刻蚀的六方氮化硼可使所绘制的图案比掩膜图案更小、更锐利，实现即使是当今最好的光刻技术也无法达到的精度。该技术也适用于其他二维材料，使用这些超小型结构可创建非常紧凑的电可调超透镜及新型电子器件，实现更高速、更低功耗计算能力，有望突破二维纳米电子学和纳米光子学极限。

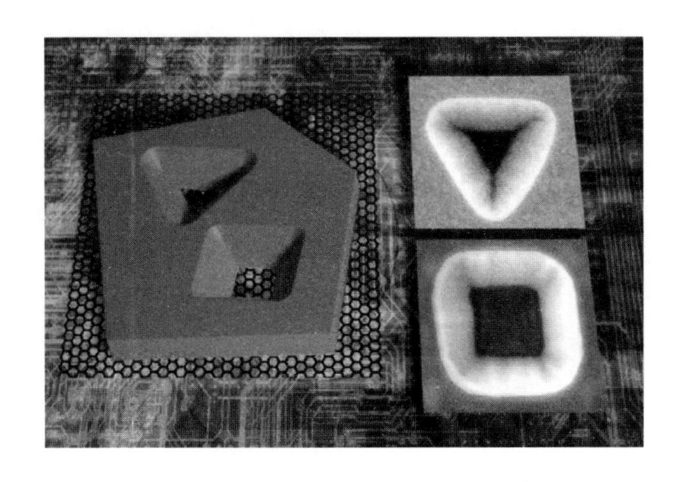

图 3　丹麦技术大学展示新工艺的加工效果

2021 年 5 月，美国麻省理工学院、加州大学伯克利分校等在美国国家科学基金会、美国陆军研究办公室、海军研究办公室和美国能源部的支持下，找到了二维半导体材料与金属电极的新型连接方法。金属和半导体材料之间的界面通常会产生较高的接触电阻，从而抑制电荷载流子的流动。这也是阻碍二维半导体材料应用的瓶颈问题之一。用电子特性介于金属和半导体之间的半金属元素铋代替普通金属与二维二硫化钼连接，解决了半导体器件小型化的最大问题之一，即降低金属电极和单层半导体材料之间的接触电阻，有助于进一步实现组件的小型化。

2021 年 11 月，哥伦比亚大学和韩国成均馆大学开发了通过由低杂质氧硒化钨制成的电荷转移层掺杂石墨烯的清洁技术。研究人员将二维材料硒化钨氧化，形成氧硒化钨；将氧硒化钨层叠在石墨烯上，使石墨烯上布满了导电孔；再在氧硒化钨和石墨烯之间添加几层二维硒化钨，便可对这些孔进行微调，以更好地控制材料的导电性能。采用这种方法得到的石墨烯的电迁移率比传统石墨烯掺杂法更高，同时由于没有掺入杂质，不会影响石墨烯的导电性，最终的导电性仍高于铜和金等高导电金属。通过改变氧硒化钨的图案还可改变石墨烯的电子和光学特性，在透明电子、电信系统和量子计算机中具有潜在应用。

11 月，德国哈勒马克斯普朗克微结构物理研究所、西班牙巴塞罗那 ALBA 同步加速器光源和柏林亥姆霍兹中心以氯化铬作为材料，用分子束外延在石墨烯涂覆的碳化硅衬底上沉积，首次成功创造出一种均匀的二维材料。该二维材料结构类似于氯化铬化合物，具有奇异铁磁行为，被称为“易平面各向异性”磁性，可以促进基于自旋电子学的新的节能信息技术用于数据存储等。

（二）多种基于二维材料的量子位元问世

2021 年 8 月，麻省理工学院利用铌二硒化物和氮化硼为量子位元建造了平行板电容器。麻省理工学院团队研究的设备显示出更长的一致性时间——高达 25 微秒，这表明还有进一步提高性能的空间。

2021 年 11 月，芬兰阿尔托大学创造了一种不含稀土金属元素，但却具有量子特性的新的双层二维材料——二硫化钽。虽然这两层新材料都是硫化钽，但它们的性质有细微但重要的区别。其中一层表现得像金属，传导电子，而另一层的结构发生了变化，导致电子局域化到规则晶格中。两者的结合导致了重费米子系统的出现，但单层材料中不会表现出这种特性。这种材料相对容易制造，可以为量子计算提供一个新的平台，并推进非常规超导和量子临界的研究。

2021 年 11 月，哥伦比亚大学用二维材料建造了超导量子位元，其尺寸只是以前的一小部分，这为更小的量子计算机铺平了道路。传统量子位芯片使用平面电容器，并采用并联方式，但电容器中的金属会干扰量子位信息存储。研究人员将氮化硼的绝缘层夹在两层铌超导铌二硒化物之间，每一层都只有单个原子的厚度，并由范德华力维系在一起。然后，将该电容器与铝电路结合，创建了一个包含两个量子位的芯片，其面积为109 微米^2，厚度只有35 纳米——这仅为传统方法生产芯片的千分之一（图4）。

图4　二硒化铌-氮化硼超导量子比特芯片

（三）新型二维材料及器件制备工艺促进电子自旋技术发展

2021 年5 月，荷兰格罗宁根大学和美国哥伦比亚大学利用磁性石墨烯研制出二维自旋逻辑存储器技术。在传统石墨烯自旋电子器件中，铁磁（钴）电极用于向石墨烯注入和检测自旋信号。该器件由双层磁性石墨烯/CrSBr 异质结组成（图5），磁性钴电极用于直接测量双分子层石墨烯接近诱导自旋极化的程度。磁性石墨烯中具有非常大的自旋极化，其电导率为14%，再加上石墨烯出色的电荷和自旋输运特性，允许实现全石墨烯二维自旋逻辑电路，磁性石墨烯单独可以注入、传输和检测自旋信息。利用二维材料可以构建超紧凑的二维自旋逻辑电路，既可以长距离传输自旋信息，又可以提供电荷流的强自旋极化。

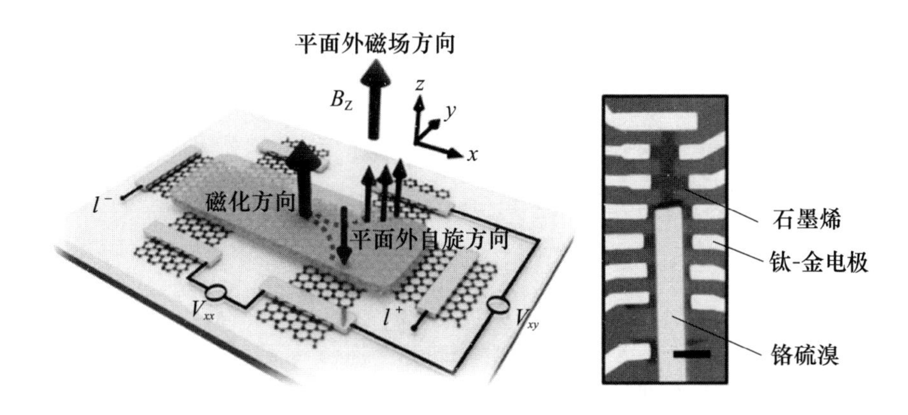

图 5　磁性石墨烯/CrSBr 异质结存储器结构图

2021 年 10 月，美国北卡罗来纳州立大学利用二维混合金属卤化物丁基铵铅碘研制开发出新型电子器件。该器件将二维混合金属卤化物与铁磁金属分层，然后用激光激发产生超快自旋电流，进而产生太赫兹辐射。传统的太赫兹发射器基于超快光电流，但是二维混合金属卤化物器件利用自旋电子产生的发射产生了更宽的太赫兹频率带宽，并且可以通过修改激光脉冲的速度和磁场的方向来控制太赫兹发射的方向，进而影响磁振子、光子的相互作用，旋转并允许进行方向控制。研究中使用的二维混合金属卤化物是可商购的合成混合半导体，因此该器件不仅比传统的太赫兹发生器具有更好的信号效率，并且更薄、更轻且生产成本更低，能在更高的温度下运行。

（四）二硫化钼实现超低功耗晶体管

2020 年 12 月，布法罗大学通过结合石墨烯和二硫化钼，制造了一种晶体管。该晶体管的工作电压仅为之前开发的任何最先进的二维晶体管的一半，并且具有更高的电流密度，极大降低了二维器件的功耗。该器件主要由单层二硫化钼及其上堆叠的单片石墨烯构成，石墨烯单层作为源极，而二硫化钼层是漏极，堆叠区域用作晶体管沟道，最顶部沉积栅电极。传统的硅晶体管和二维二硫化钼晶体管的漏极电流每增加10倍，开启电压需要增加60毫伏。该研究中的器件利用了石墨烯无带隙的优势，使电子穿过沟道区发送到漏电极所需的能量更少，最终1纳米厚晶体管只需要增加29毫伏即可实现10倍的电流变化。

三、拓扑绝缘材料

拓扑绝缘材料是一类内部绝缘和外部导电的新型材料，通常具有高电子迁移率和超低的功耗，因此具有出色的电子导电性，在量子传输、自旋电子器件、超快光器件等领域具有重大应用价值。

（一）新型拓扑绝缘材料有望实现拓扑量子计算

2020年11月，微软与哥本哈根大学合作开发了制作拓扑量子计算机的新材料，是拓扑量子计算机数十年来取得的重大进展。研究人员通过将单晶半导体、超导体、铁磁绝缘体（铕硫化物）组合成一种新的三重混合体材料。该新材料内部磁性自然地与纳米线的轴对齐，并在其中产生一个有效强磁场（比地球磁场强一万倍以上），足以诱发拓扑超导相位。这项研究提供了制造拓扑量子计算的新途径，新材料将很快应用于实现真正的拓扑量子比特，从而实现真正的拓扑量子计算机。

（二）室温电泵浦室温拓扑激光器促进拓扑绝缘材料实用化

2021年7月，美国南加州大学研究拓扑绝缘材料五碲化锆的特性，并开发了第一个电泵浦室温拓扑激光器。拓扑激光器由10×10网格作为多个耦合谐振器环组成，每个谐振器环30微米宽，通过大约5微米宽的椭圆形小环相互连接，所有这些环都由半导体层的夹层制成，例如砷化铟镓、磷化铟和磷化砷化铟镓。当该阵列边缘的电极对这个网格进行电泵浦时，这些环会产生波长为1.5微米的激光，这是光纤通信中最常用的波长。环的尺寸和几何形状、环相互之间的位置以及半导体层的特定厚度和组成有助于确保激光器中的光受到拓扑保护。

四、磁性材料

新型磁性材料、多种磁性材料通过新型掺杂方法得到性能改善。新型制备技术促进磁性器件实用化，超小结构的集成电路、传感器展现了磁性材料更大的应用潜力。

（一）新型材料拓展了磁性材料应用潜力

2021年5月，德国都柏林圣三一学院利用由锰、钌和镓合金组成的新型磁性材料——磁流变凝胶，实现了有史以来最快的磁开关。研究人员使用飞秒激光系统的红色激光脉冲击磁流变凝胶薄膜，在万亿分之一秒内切换材料的磁取向，比之前的记录快6倍，比时钟速度快100倍。磁流变凝胶利用了材料与光的独特相互作用，能够在没有任何磁场的情况下实现超快切换，大大提高了速度和能源效率，证明了该材料在新一代节能超快计算机和数据存储系统中的潜力。

2021年6月，韩国基础科学研究所研制出具有巨大角磁电阻的新型拓扑磁体 $Mn_3Si_2Te_6$ 单晶，并利用外部磁场旋转其自旋力矩，在低温下测量了其电阻，电阻的变化幅度可以达到10亿倍之大。这种前所未有的电阻随磁场角度的变化被称为巨大角磁电阻。与之前的磁输运现象不同，仅通过旋转自旋方向，而不改变其结构，就会导致电阻发生巨大变化。这种不寻常的效应源于这种磁性半导体独特的拓扑保护能带结构，有望用于矢量磁传感，具有高的角灵敏度或高效的自旋状态电读出。

（二）新型磁性快速切换方法有望促进磁逻辑和存储技术变革

2021 年 9 月，麻省理工学院与明尼苏达大学、西班牙巴塞罗那 ALBA 同步加速器光源、韩国科学技术学院、德国莱布尼茨 IFW 联合开发出快速切换亚铁磁体磁极性的方法。该研究使用稀土过渡金属亚铁磁体——钆钴薄膜，两种元素以不同的方向排列，两者之间的平衡决定了材料的整体磁化强度。通过使用电压将薄膜表面的水分子分裂成氧和氢，氧可以被排出，而氢原子可以深入渗透到材料中，来改变磁取向的平衡。该方法只需使用很小的施加电压即可将亚铁磁体的磁极性快速切换 180°，钆钴薄膜经受了 10000 次极性反转，具有极强的稳定性，没有任何退化迹象。这项成果可能会开启亚铁磁逻辑和数据存储设备的新时代。

五、新型电子材料和加工技术

2021 年，新型电子材料和加工制备技术大量涌现，促进电子器件性能提升。

（一）新型加工制备工艺提高电子器件性能、促进电子材料应用发展

2021 年 5 月，IBM 公司推出世界上第一个 2 纳米节点芯片。与 7 纳米节点的芯片相比，这款新芯片将以相同的功率将性能提高 45%，或者在相同性能水平下能耗降低 75%。利用 2 纳米技术，IBM 公司可以将 500 亿个晶体管集成在一个指甲大小的芯片上。该芯片的基础是纳米片技术，其中每个晶体管由三个堆叠的水平硅片组成，每片只有几纳米厚，并完全被栅极包围。纳米片技术有望取代所谓的 FinFet 技术。IBM 公司通过使用纳米片技术实现 2 纳米节点，超越了台积电和三星的 3 纳米节点水平。预计 2 纳米芯片模式最早可能会在2024年从晶圆厂推出（图6）。

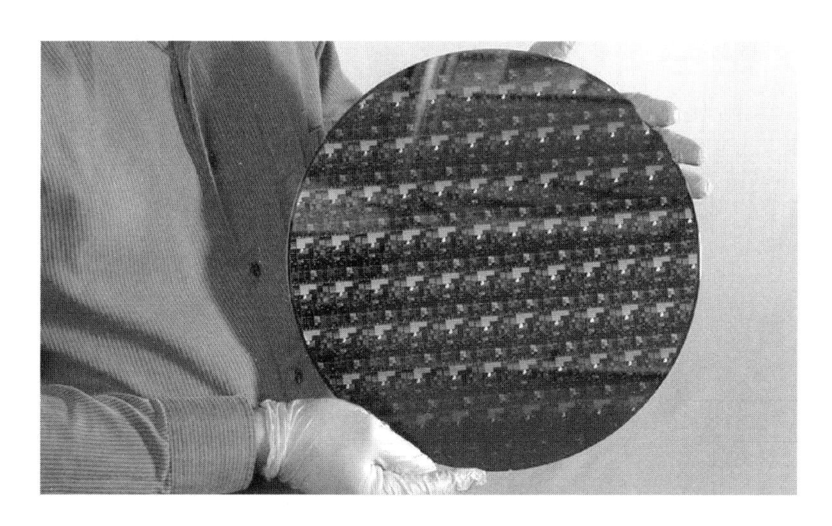

图6　IBM公司制备的晶圆

2021年9月，英国斯特拉斯克莱德大学新转移印刷工艺。新方法使用微组装机器人技术、纳米制造技术和显微镜图像处理技术，通过安装在机器人运动控制台上的软聚合物印章拾取光学器件，然后将基板放置在悬挂装置下方，并使用显微镜准确对齐；正确对齐后器件从聚合物印模上释放出来，并沉积到目标表面上。通过设计印章的几何形状、控制聚合物材料的黏性，可以实现光学器件的精准拾取或释放，此过程不会引起任何损坏，并且可以使用自动化进行扩展以与晶圆级制造兼容。研究人员使用新型打印方法将纳米线以空间密集的排列方式放置在衬底上来创建半导体纳米线激光器，纳米线之间的间隔小于100纳米。通过将半导体纳米线放置在二氧化硅上，能够创建多波长纳米激光系统。这种新方法有望实现基于芯片的光学系统的大批量制造，从而实现更紧凑的光通信设备和先进的成像器。新方法为用于通信、成像等的基于芯片的光学系统的实际制造奠定了基础。

2021 年 10 月，美国北卡罗来纳州立大学开发了一种新工艺，该工艺利用现有的行业标准技术来制造Ⅲ族氮化物半导体材料，但产生的层状材料将使 LED 和激光器更高效。研究人员先使用一种称为“半块生长”的生长技术来生产氮化铟镓模板，模板由几十层氮化铟镓和氮化镓组成，再将这些模板用于 n 型区域。模板中将氮化镓层插入铟镓氮化物层之间，减少了晶格失配引起的缺陷。该方法同样可用于 LED 中的 p 型材料层制备，以增加空穴数量，实现 5×10^{19} 厘米 $^{-3}$ 的空穴密度，比采用传统的金属有机化学气相沉积工艺的结果高一个数量级。这意味着 LED 中更多的能量输入被转化为光。

（二）新电子材料、新器件结构展现了电子材料更多的应用价值

2020 年 12 月，惠普实验室创造了第一个实用的忆阻器——忆阻器激光器（图 7）。该器件由混合硅 MOS 微环调制器和混合硅 MOS 微环激光器组成，两者都是多层结构，基本上由同心环组成，形成二极管激光器，其中嵌入了基于氧化物的电容器。通过操纵电容器两端的电压，不同数量的电荷在那里积累，以修改设备的光学模式指数，从而改变发射光的波长。研究表明，当设备处于低电阻状态时会升温，从而延长（红移）输出光的波长；当处于高电阻状态时，电荷载流子会在氧化物周围积聚，从而缩短（蓝移）器件的波长，转换发生在大约 75 纳秒。除了简化用于处理器之间数据传输的光子收发器外，新设备还可以构成超高效大脑启发光子电路的组件。

散热越来越成为现代电子产品的瓶颈。特别是，宽带隙半导体器件的发展导致了高功率和高频电子学的许多进步。目前金刚石和碳化硅是当前电阻器件的主要散热材料，但界面处的大热阻仍限制了散热的有效性。1 月，加州大学开发出新型超热导体——砷化硼和磷化硼，可作为功率电子器件的热基板。将砷化硼与氮化镓高电子迁移率晶体管集成在一起，片上热点温度（60℃）明显低于工业标准芯片，以及使用金刚石（110℃）或碳化硅（140℃）作为散热器的芯片。砷化硼和磷化硼具有远超其他材料的高导热性和低热边界电阻，氮化镓/砷化硼的热边界电导至少约为250毫安/米$^{-2}$度$^{-1}$，比现有技术的氮化镓/金刚石高约8倍。

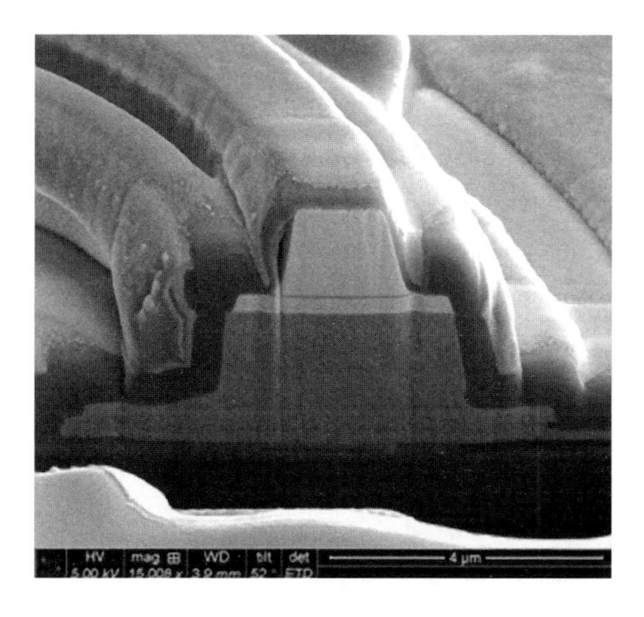

图7　具有忆阻器特性的混合硅MOS微环激光器的横截面图

2021年10月，美国将碳纳米管沉积在硅晶片上，作为场效应晶体管中的半导体层，并在周围加入氧化铪、钛和铂金属薄层作为屏蔽层，研制出碳纳米管场效应晶体管。在碳纳米管上方和下方放置屏蔽层可以保护晶体管的电气特性免受高达10Mrad的入射辐射影响——这一水平远高于大多数基于硅的耐辐射电子设备可以处理的水平。当屏蔽仅放置在碳纳米管下方时，可免受到高达2Mrad的入射辐射影响，这与商业硅基耐辐射电子设备相当。碳纳米管场效应晶体管，尤其是双屏蔽晶体管，可能是下一代太空探索电子产品的一个有前途的补充。

2021 年 10 月，普林斯顿大学工程学院使用氧化锌薄膜晶体管和显示器薄膜晶体管制备技术研制出一种天线阵列（图 8），提高了相控阵的应用灵活性，并使它们能够在不同范围内运行。无线电频率高于以前的系统。这种基于大面积电子技术的一种可在薄而灵活的材料上制造电子电路的方法，克服了传统硅半导体只能制成几厘米宽的局限性，可在大面积柔性基板上构建电路并安装在任何地方，如覆盖房间作为与物联网设备通信的墙纸、覆盖飞机机翼，实现新兴 5G 和 6G 无线网络的多种用途，有利于卫星、飞机的长距离通信。

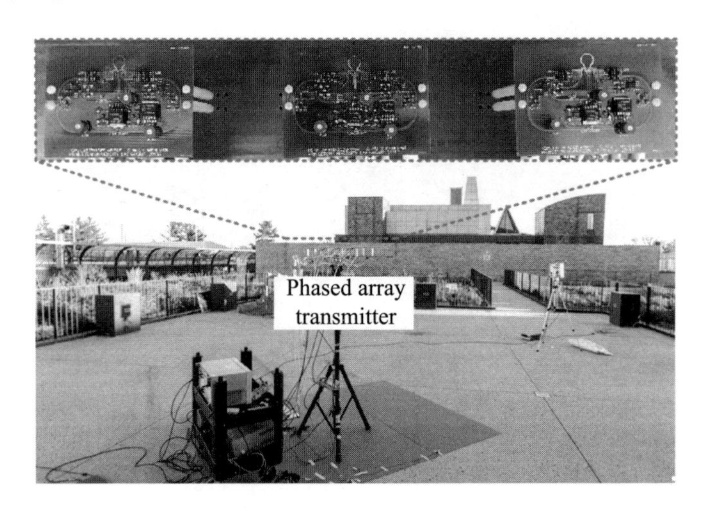

图 8　普林斯顿大学研究人员测试新开发的相控阵天线

（中国电子技术标准化研究院　张慧）

2021年核材料技术发展综述

2021年世界核材料库存整体平稳，医用同位素研发生产活动持续活跃，高丰度低浓铀已成为美国未来先进反应堆核燃料的首选材料。

一、世界核材料库存整体平稳

2021年10月，各国向国际原子能机构（IAEA）提交核材料库存报告。报告数据显示，2021年世界核材料库存整体平稳。

（一）分离钚

在分离钚方面，美国拥有87.7吨军用钚和49.4吨民用分离钚，其中4.6吨民用分离钚存在于MOX燃料中；俄罗斯大约拥有128吨武器级钚，63吨分离的反应堆级钚，主要用于生产BN－800快中子反应堆的燃料；英国的裂变材料库存中约有3.2吨军用钚，115.8吨反应堆级的民用分离钚；法国拥有5～7吨的军用钚，民用分离钚库存约79.5吨，比上年（74.7吨）增加4.8吨，另外保管着属于日本的15.411吨分离钚；印度的裂变材料库存包括0.6±0.15吨武器级钚和8.2±3.5吨反应堆级钚；据估计，截至

2020 年，朝鲜可能拥有约 40 千克的分离钚库存；日本目前总共拥有 46.1 吨钚，其中 8.9 吨在日本，在国外的 37.2 吨钚中，21.805 吨在英国，15.411 吨在法国；德国连续第二年没有新增分离钚，拥有的分离钚库存不到 1 吨，均在德国境内；比利时宣布在储存或后处理厂中没有分离钚，其他类别的分离钚“不是零，但少于 50 千克”，均在国内；瑞士的分离钚库存少于 2 千克，该数字自 2016 年以来没有变化。

（二）浓缩铀

在浓缩铀方面，据估计，美国目前拥有 562 吨高浓铀库存（其中一些是经过辐照的海军燃料）；俄罗斯拥有 678 吨高浓铀，作战潜艇以及军用和民用水面舰艇的反应堆中估计还有 20 吨高浓铀，另有 9 吨是各种研究设施中的民用高浓铀；英国约有 21.9 吨军用高浓铀，0.738 吨民用高浓铀（其中 0.601 吨是未辐照的高浓铀）；法国的高浓铀库存为 25 ± 6 吨，民用高浓铀库存约 5.319 吨，其中 3.785 吨是燃料制造厂或后处理厂中的未辐照材料；德国研究堆燃料中含有 0.35 吨高浓铀（比 2019 年的 0.32 吨有所增加），辐照研究堆燃料中含有 0.94 吨高浓铀。印度拥有 5.2 ± 1.6 吨高浓铀（铀 – 235 丰度为 30%）；朝鲜的高浓铀库存可能为 400 ~ 1000 千克。

二、高丰度低浓铀已成为美国未来先进反应堆核燃料的首选材料

高丰度低浓铀是指铀 – 235 丰度在 5% ~ 20% 之间的浓缩铀，是大多数先进反应堆的燃料来源。2019 年 1 月，美国能源部与美国森图斯能源公司签署合同，旨在开展高丰度低浓铀生产示范工程，验证美国自主可控的离心铀浓缩技术生产高丰度低浓铀的可行性。

2021年6月，美国核管会（NRC）批准森图斯能源公司在俄亥俄州派克顿铀浓缩厂生产高丰度低浓铀。该铀浓缩厂由美国离心机运营公司（ACO，森图斯能源公司的子公司）负责管理，目前正在建造16台AC100M离心机。核管会允许ACO以六氟化铀形式为能源部生产多达600千克20%丰度的高丰度低浓铀产品。目前，美国没有其他设施获得此类生产许可证。

2021年11月，美国奥克洛公司和森图斯能源公司签署了一份意向书，合作部署高丰度低浓铀生产设施，以支持奥克洛公司的Aurora微堆等先进核电厂的商业化，建立美国国内的高丰度低浓铀生产能力。森图斯公司在俄亥俄州建造的高丰度低浓铀生产设施预计2022年开始示范生产高丰度低浓铀。

三、耐事故燃料技术取得多项进展

（一）美国

2011年日本福岛事故后，美国开始考虑提高轻水堆的事故容限能力，并在《2012年综合拨款法》第112－75号会议报告中指示能源部核能办公室启动耐事故燃料研发计划，重点开发可增强事故容限的核燃料和包壳，目标是在2022年前将耐事故燃料先导试验棒和组件安装到商用反应堆中。

2021年，美国能源部资助的法马通公司的GAIA燃料组件已在乔治亚州沃格特勒核电站2号机组完成了为期18个月的燃料循环示范，这是全球首个包含燃料芯块和包壳的标准长度核燃料组件完成的燃料循环。此外，该公司还向蒙蒂塞洛核电站提供了增强型耐事故燃料，这是法马通公司首次为沸水堆交付增强型耐事故燃料棒原型（图1）。2019年，法马通公司镀铬M5燃料和掺Cr_2O_3的UO_2燃料共16根燃料棒在Vogtle 2号机组完成安装。

32 根镀铬铅测试棒于阿肯色－1 核电站 1 号机组进行安装。法马通公司计划 2021 年在卡尔浮悬岩核电站安装 2 根 M5 包层和掺 Cr_2O_3 的 UO_2 燃料棒，此外，还计划于 2022 年进行 SiC/SiC 包壳和 Cr_2O_3 掺杂 UO_2 燃料的铅测试棒测试。

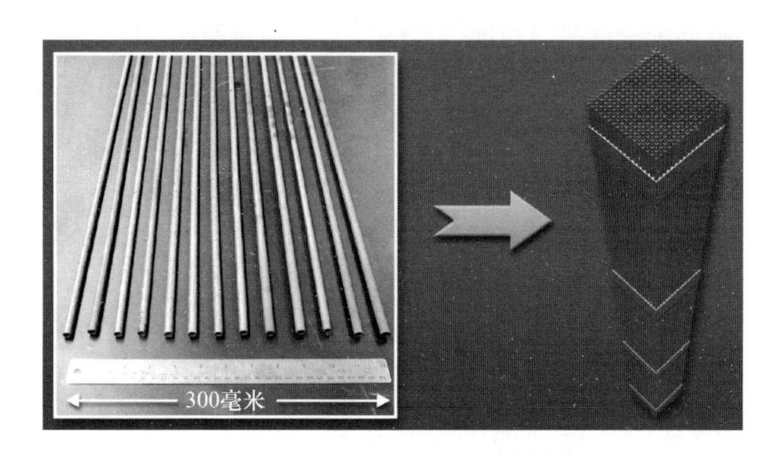

图 1　耐事故燃料包壳和燃料组件

（二）俄罗斯

2021 年 3 月，俄罗斯耐事故核燃料开发取得新进展。位于季米特洛夫格勒的俄罗斯核反应堆研究所完成了在 MIR 研究堆对实验燃料组件（包括 VVER 反应堆和压水堆燃料棒）的第二轮辐照。2021 年 3 月 4 日，俄罗斯国家原子能公司宣布，这标志着俄罗斯耐事故核燃料开发取得了最新里程碑。每个燃料组件包含 24 个燃料元件，具有 4 种不同组合的包壳和燃料基质材料。燃料芯块是由传统的二氧化铀和铀钼合金制成，后者密度更大，导热系数更高。采用具有铬涂层的锆合金或铬镍合金作为燃料棒包壳材料。同时，俄罗斯波切瓦无机物材料研究院启动了开发硅化铀芯块制造技术的项目，作为耐事故核燃料基材的另一种方案。

2021 年 4 月 29 日，俄罗斯博奇瓦无机材料研究院（俄罗斯国家原子能公司TVEL核燃料公司的一部分）表示，计划在年底前完成VVER和PWR反应堆的实验性耐事故燃料组件第三轮元件辐照，包括4种不同燃料和结构材料的组合。此外，TVEL公司还让该研究院开发硅化铀制造耐事故燃料芯块的技术，目的是提高俄罗斯国产核燃料的运行安全性，改进运行技术和经济指标，并确保俄罗斯国家原子能公司在国际核燃料市场的竞争力。博奇瓦无机材料研究院成立了一个新部门，旨在开发碳化硅制造的实验产品。4月29日，该研究院还成立两个新实验室，旨在开发高温超导体和复合材料。

（中国核科技信息与经济研究院　马荣芳）

ZHONG YAO

ZHUAN TI FEN XI

重要专题分析

NASA“先进复合材料太阳帆系统”发展分析

就像帆船靠帆中的风提供动力一样，太阳帆利用阳光的压力进行推进，从而消除对传统火箭推进剂的需求。美国国家航空航天局（NASA）正在为未来低成本、小型深空探测任务的太阳帆推进系统开发新的可展开结构和材料技术。目前，NASA 开展的项目是“先进复合材料太阳帆系统”（ACS3），开发一种可展开轻型复合材料吊杆和复合材料太阳帆，以验证将复合材料吊杆应用于近地轨道太阳帆上的可行性。从 ACS3 项目中获得的数据将指导未来更大型复合材料太阳帆系统的设计，这些系统可用于太空天气预警卫星、近地小行星侦察任务或载人探索任务的通信中继。

一、发展背景

以前开发的太阳帆系统是为更大更重的航天器系统和任务设计的，不适用于立方星和“演进次级有效载荷适配器”级共乘航天器所需的较小体积。开发适用于小型航天器的太阳帆推进系统将成为基于立方星或小型

“演进次级有效载荷适配器”级共乘航天器的低成本深空探测任务的使能技术。

已开展的大多数太阳帆飞行验证项目都是3U立方星共乘航天器。这种航天器构型内的可用体积非常有限，严重限制了其中包含的太阳帆系统的展开面积。这些小的展开帆面积导致相对较低的辐射压力诱导推力，并且3U立方星底盘中几乎没有剩余空间可以装载用于科学探测的有效载荷，这将3U级太阳帆的使用主要限制在近地轨道的技术验证。6U级太阳帆航天器同样受到体积小的限制，一旦为必要的航天器系统和科学仪器分配了空间，大面积太阳帆的可用空间就很小。

近几年，美国空军研究实验室开发了三角形可卷曲和可折叠（TRAC）吊杆，这是适用于小型立方星太阳帆的高包装效率可展开吊杆技术。该吊杆已经用于NASA“纳米帆”-D太阳帆任务，以及行星协会的“光帆”1号和“光帆”2号太阳帆任务，也即将用于NASA的近地小行星侦察任务。尽管该吊杆技术具有出色的包装效率，但其金属结构相对较重，抗扭刚度较差，并且对轨道上的热弹性变形非常敏感。这些限制使该吊杆技术最适合于要求短吊杆长度的应用或对部署尺寸精度要求低的非承载应用。

“先进复合材料太阳帆系统”项目中正在开发的可展开复合材料吊杆技术可以解决TRAC吊杆技术所受到的限制，其使用超薄碳纤维增强聚合物复合材料层，可在非常小的体积内最大限度地提高吊杆包装效率；同时与金属材料相比，显著降低重量和热弹性变形敏感性。复合材料吊杆也可以形成封闭截面的管状结构，以获得更高的抗扭刚度；这也有助于在受到太阳帆张力引起的偏心载荷时，最大限度地降低吊杆垮掉和弯曲的风险，未来将被用于下一代小型航天器太阳帆系统。

二、项目基本情况

（一）项目目标

主要目标是：验证在近地轨道上部署的复合材料吊杆并展开复合材料太阳帆系统；评估复合材料太阳帆的形状和设计有效性；通过控制轨道升降来确定展开的太阳帆的太阳辐射压力推力特征，并试图确定展开的太阳帆的基本柔性体结构动态振动模式；收集复合材料太阳帆的性能数据，为更大、更复杂系统的设计提供参考信息。

（二）ACS3 系统组成

ACS3 太阳帆系统是未来复合材料太阳帆系统约 40% 的缩比版，其大小适合于近期的立方星级深空太阳帆任务。ACS3 太阳帆航天器将验证 NASA 在近地轨道空间环境中使用可展开复合材料吊杆技术展开太阳帆的可行性。

ACS3 太阳帆由 4 个近似三角形的金属化聚合物膜象限组成，由 12U 立方星（尺寸为 23 厘米 ×23 厘米 ×34 厘米）进行部署，由 4 个可展开的复合材料吊杆支撑并连接在立方星上。展开的 ACS3 太阳帆平面图如图 1 所示。

1. ACS3 航天器

ACS3 航天器使用 12U 立方星有效载荷构型，以利用共乘发射能力并最大限度地降低成本。选择 12U 的尺寸主要是为了简化 ACS3 航天器平台的工程设计。12U 的构型还允许 ACS3 太阳帆子系统具有更对称的横截面，这是未来 ACS3 太阳帆更现实的配置。帆子系统组件更大体积时，也允许使用更高刚度的复合材料吊杆层压板，这也更适用于未来更大规模的可展开复合材料吊杆太阳帆。ACS3 航天器有 3 个主要组件（图 2）：航天器平台，包含大部分航天器航空电子系统；帆 – 吊杆子系统（SBS），包含并展开包装好的太阳帆膜和复合材料帆吊杆；“-Z”板，主要用作 ACS3 超高频和 S 波段通信天线的安装面。

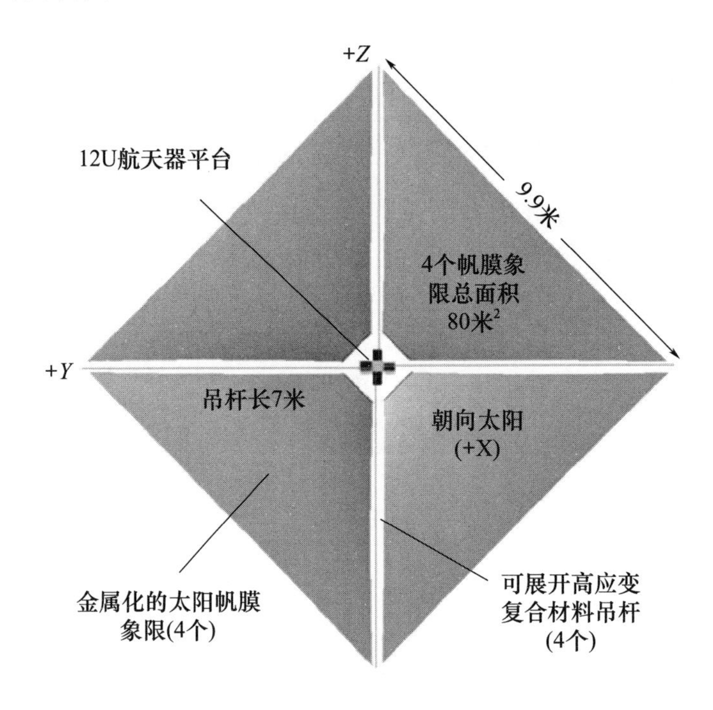

图 1 ACS3 太阳帆展开结构图

2. 可展开复合材料吊杆（DCB）

ACS3 项目的基本目标之一是验证 NASA 可展开复合材料吊杆技术在航天中的应用。ACS3 太阳帆结构使用由 NASA 太空技术任务部可展开复合材料吊杆（DCB）项目开发的吊杆。该项目由 NASA 太空技术任务部的“改变游戏规则”计划资助，由 NASA 兰利研究中心牵头，联合德国航空航天中心、北卡罗来纳州立大学、空军研究实验室共同开发，旨在推进未来小型航天器应用的紧凑型可展开吊杆技术。项目主要致力于改进闭合截面、可折叠透镜状复合材料吊杆的设计方法和制造方法，以及开发装载和展开这些吊杆所需的相关机械系统。典型 DCB 吊杆的示例如图 3 所示。最困难的挑战之一是将这些吊杆存放在非常有限、紧凑的体积内，例如立方星内。DCB 吊杆采用非常薄的碳纤维平纹织物和单向层技术，以最大限度地减小壁厚以及吊杆紧凑滚动装载所需的弯曲半径。

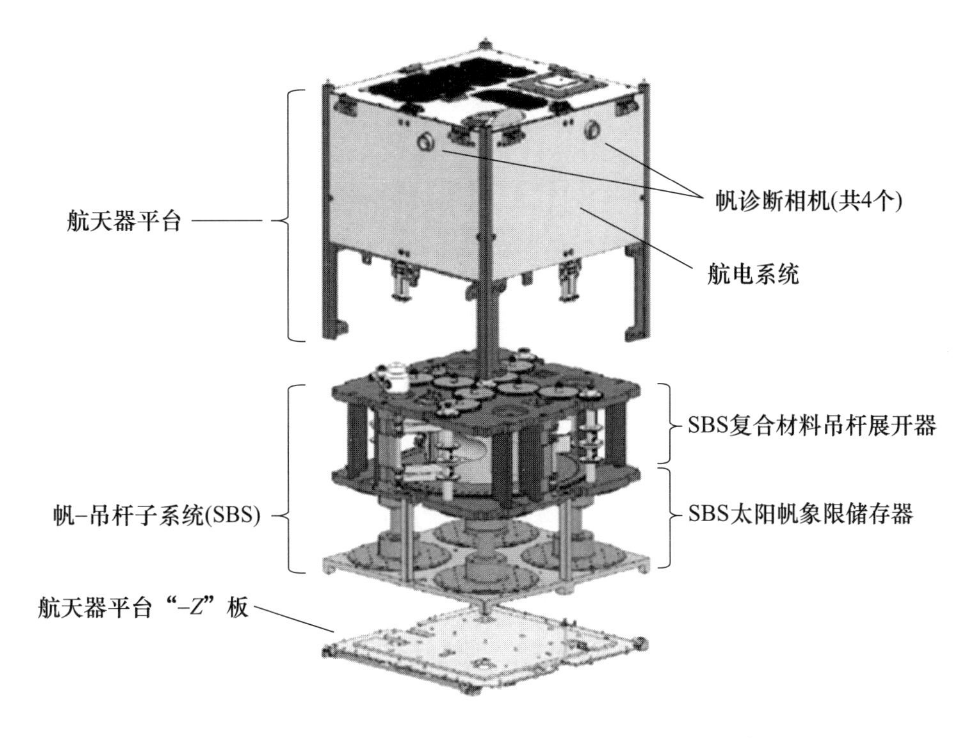

图 2　ACS3 的 12U 航天器主要组件和分系统示意图

7 米的 ACS3 可展开复合材料吊杆是在 NASA 兰利研究中心制造的。制造方法源自 DCB 全尺寸 16.5 米可展开复合材料吊杆所使用的方法。ACS3/DCB 吊杆由两个弯曲的复合材料壳体层压板组成，它们沿横截面的窄网格区域黏结在一起。层压材料的固化和黏结发生在烘箱内，采用单一的热压罐外工艺。碳泡沫模具加工使碳纤维层吊杆材料和模具加工之间的热失配最小化，使最终吊杆部件的曲率最小化。对于 ACS3，可接受的吊杆曲率被定义为小于 1%，或在 7 米长的吊杆上小于 7 厘米。

图3　NASA 可展开复合材料吊杆

该复合材料吊杆由碳纤维增强柔性聚合物复合材料制成，比传统金属吊杆轻75%，受热时的热变形为金属吊杆的百分之一；可在发射时折叠或卷在线轴上，紧凑储存于航天器内；发射到太空后可自行展开，展开后仍能保持形状和强度，可抵抗由于温度剧烈变化而产生的弯曲和翘曲。立方星进入太空后，需花费20～30 分钟，使用横跨正方形太阳帆对角线的4 个复合材料吊杆展开太阳帆，每个复合材料吊杆长约7 米，太阳帆完全展开后面积约18 米^2。

3. 帆膜象限

（1）材料和材料特性。ACS3 太阳帆膜象限由2 米的聚萘二甲酸乙二醇酯塑料膜基底组成。在一侧涂有非常薄的（100 纳米）气相沉积铝层以反射太阳光子，在另一侧涂有更薄的（15 纳米）铬金属层以增加太阳帆的总热辐射率。选择聚萘二甲酸乙二醇酯材料主要是因为其成本低，金属化时可接受的空间耐久性好，以及在小厚度和大宽度卷中的商业可用性强。金属化薄膜试片的光学和热机械测试也表明，聚萘二甲酸乙二醇酯基帆在1.0 天文单位或接近1.0天文单位日心距离的短时间（不到1年）飞行是可行的。

（2）设计和制造。帆膜象限大致呈三角形，最外边长9米，内侧切口长1米。每个象限由0.75米宽的三角形布条使用聚酯热熔胶接缝技术组装而成。熔黏结缝比聚萘二甲酸乙二醇酯基材料更坚固，相对于聚酰亚胺薄膜或转移带接缝更薄且无黏性，并具有内置机械防撕裂功能。所有接缝和边缘都采用了凯夫拉增强线，以实现额外的机械加固。

（3）折叠和收藏。ACS3帆膜象限折叠，然后卷到单独的卷轴上，存放在SBS的帆储存器内。每个象限的折叠和缠绕过程通常可以在一天内完成。帆采用了“偏置”Z形折叠模式。这种模式被设计成在展开过程中，缠绕帆的外层保持张紧并约束内层。折叠的近似径向方向也最小化了帆接缝的堆积，这有助于最小化每个象限的装载体积。折叠线还在展开过程中更接近垂直于帆的张力延伸，这有利于帆中褶皱的展开和展平。

4. 帆－吊杆子系统（SBS）

ACS3航天器最复杂的部分是帆－吊杆子系统（SBS）。SBS负责收起复合材料吊杆和太阳帆象限以便发射，并在轨道上展开吊杆和帆膜。SBS展开器机构设计是“拉带器”概念的演变，最初由德国航空航天中心和萨里航天中心开发。该展开器的设计最初为3U立方星可展开太阳帆开发，由NASA兰利研究中心拓展为用于6U立方星构型太阳帆系统，由德国航空航天中心拓展为用于27U立方星太阳帆系统。12U版本的拉带展开器设计用于ACS3。在装载过程中，拉带器结构通过机动收回与复合材料吊杆共同缠绕的若干金属带来展开太阳帆吊杆元件。这种方法对于直接驱动吊杆线圈毂以将吊杆“推出”展开器具有几个可靠性优点。在拉带器系统中，金属带用于约束吊杆线圈，这降低了在部署期间由于吊杆在展开器内展开而导致展开器机构卡住的风险。

三、项目重要里程碑及未来设想

ACS3 项目中最重要的可展开复合材料吊杆（DCB）于 2016 年 10 月启动研发；2019 年 10 月，DCB 团队完成了高 18 厘米、长 16 米的复合材料吊杆的制造；2019 年 11 月，DCB 团队将复合材料吊杆交付给德国航空航天中心，用于与德国航空航天中心的工程模型吊杆展开机构一起进行封装和展开测试；2020 年 6 月，DCB 团队完成了计算模型开发，并与来自德国航空航天中心的 DCB 交付吊杆刚度和强度测试数据进行了模型关联。ACS3 原型机已完成了设计和制造；ACS3 飞行系统现在正在进行组装、集成和测试。ACS3 的发射将得到 NASA“立方星发射倡议”与“发射服务计划”的协调支持，计划 2022 年由火箭实验室公司的运载火箭将搭载了复合材料吊杆的航天器发射升空，以进行在轨测试。

未来，复合材料吊杆可用于展开面积约 500 $米^2$ 甚至更大的太阳帆，将使大功率太阳能阵列、用于高数据速率通信的大型天线和高推力推进系统能够安装在小型卫星上。以“先进复合材料太阳帆系统”为基础开发的相关技术，将用于支持载人太空探索、太空天气预警卫星和小行星侦察等任务的通信中继，以满足军方对于预警卫星、侦察卫星小型化的需求。

（中国航天系统科学与工程研究院　李虹琳）

航空发动机陶瓷基复合材料研发进展

2021 年 3 月下旬，美国通用航空集团在位于俄亥俄州埃文代尔的高空测试台完成了 XA100 自适应变循环发动机的全部测试工作。XA100 发动机（图 1）将为美国的第六代战斗机提供动力，其中，陶瓷基复合材料在发动机热端部件上的广泛应用是 XA100 发动机的一个重大改进。发动机总体测试结果显示：推力增加 10%，燃油效率提高 25%。GE 航空集团表示首台 XA100 的测试结果超出预期，彰显了陶瓷基复合材料在航空发动机中的应用优势。

图 1　XA100 发动机的内部

一、航空发动机陶瓷基复合材料基本概念

陶瓷基复合材料是指在陶瓷基体中引入增强材料，形成以引入的增强材料为分散相，以陶瓷基体为连续相的复合材料。该材料具有耐高温性、低密度、对裂纹不敏感、不发生灾难性损毁等优异性能，可满足热端部件在高温条件下的使用要求，可以应用于航空发动机高压压气机叶片和机匣、高压和低压涡轮盘及叶片、燃烧室、加力燃烧室、火焰稳定器和排气喷管等热端部件。资料显示，陶瓷基复合材料应用于航空发动机热端部件，相比传统耐高温合金材料，其密度仅为传统耐高温合金的1/3，冷却空气流量降低15%～25%，工作温度提升400～500℃，因而是高性能航空发动机热端部件的理想材料。

二、航空发动机陶瓷基复合材料技术应用进展

发展高推重比的航空发动机，既要开展新型耐高温、抗腐蚀和抗氧化材料的研究，又要开展轻质、长寿命材料的研究。近年来，欧美发动机制造商高度重视陶瓷基复合材料技术开发，努力将其引入到过渡件、燃烧室内衬、喷管导向叶片甚至涡轮转子件等热端部件，并积极探索陶瓷基复合材料低成本制造技术。

（一）美欧积极推进陶瓷基复合材料在航空发动机上的应用

2021年3月，英国罗尔斯·罗伊斯公司开始组装全球最大航空发动机超扇（UltraFan®）。该款发动机将成为罗尔斯·罗伊斯公司未来民航大推力发动机的标志性产品。该发动机应用了多种新技术，其中包括陶瓷基复

合材料的应用。据了解，该发动机高压涡轮第一级密封片与涡轮导向叶片使用更耐热的陶瓷基复合材料提升涡轮运行效率，与罗尔斯·罗伊斯公司第一代遄达发动机相比，其燃油效率提升25%。

2021年5月，美国通用航空完成其首台XA100自适应循环发动机的性能测试。XA100发动机结合了三项关键技术创新，包括大量使用陶瓷基复合材料部件，主要应用于燃烧室火焰筒、涡轮内环、低压涡轮叶片。最终测试结果表明：发动机增加10%的推力，提高25%的燃油效率，并提供了更大的飞机散热能力。

美国普惠公司在材料和工艺应用方面的战略发生重大转变。2020年12月，公司计划在7年内投资6.5亿美元，在阿什维尔新建一个100万英尺^{2}的工厂，用于生产陶瓷基复合材料涡轮叶片。2021年7月，普惠公司在加利福尼亚州卡尔斯巴德开设专门用于研发和生产航空航天用陶瓷基复合材料的新工厂，进一步保障该材料在齿轮传动涡扇发动机上的应用。普惠公司前任总裁鲍勃·莱杜克表示：下一代齿轮传动发动机将广泛应用陶瓷复合材料，并预测公司将在未来的五到十年内推出基于陶瓷基复合材料的新型航空发动机叶片。

（二）美欧积极探索降低陶瓷基复合材料成本的关键技术

当前，陶瓷基复合材料部件的制造成本很高，制约了陶瓷基复合材料的规模化生产与在先进发动机上的考核验证。美国空军官员表示，“降低陶瓷基复合材料的成本是使其能够在要求苛刻的空军装备中广泛应用的关键”。目前主要原因是工艺成本过高。从成本和性能的视角来看，几乎没有满足要求的生产方案。在最常见的陶瓷基复合材料生产工艺中，制造时间长、材料成本高和渗透步骤多是导致高价格并阻止材料在发动机中广泛应用的主要因素。所以各国都在积极探索可以降低成本的工艺方案与技术。

2020 年 9 月，美国空军实验室开发了一种陶瓷聚合物接枝纳米颗粒（或称毛状纳米颗粒）。该材料是一种新型纳米混杂材料，主要用于在陶瓷基复合材料生产过程中对陶瓷前驱体进行渗透，以填充其在裂解过程中产生的裂缝和空隙。此类材料可以在不影响产品性能的情况下大幅减少材料裂解周期，从而加快生产速度，降低生产成本。

2020 年 9 月，俄罗斯国立科技大学用低成本的长石和石英砂制成碳化硅陶瓷，然后通过使用自蔓延高温合成技术在碳化硅陶瓷中形成增强纳米纤维，显著提高了碳化硅陶瓷的烧结能力并提高了其抗弯强度和断裂韧性。纳米纤维的存在将碳化硅成品所需的烧结温度和持续时间从 1800 ~ 2000℃的数小时，降低到 1450℃和 60 分钟。研究人员计划继续提高碳化硅的断裂韧性和强度。将良好的机械特性与生产过程中成本效益相结合，将继续扩大碳化硅作为结构材料的应用范围。

2020 年 10 月，美国休斯研究实验室（一家由美国波音公司和通用公司共同拥有的研发机构）报告了一种通过紫外线光固化 3D 打印陶瓷的“前驱体转化聚合物”的技术。该技术用紫外光在立体平板上 3D 打印一个有图案的陶瓷前驱体，形成具有复杂形状和结构的三维聚合物结构。该研究团队使用这类陶瓷 3D 打印技术制造惰性颗粒增强的硅氧烷基陶瓷前驱体树脂材料，然后通过热解极端加热过程，将 3D 打印陶瓷增强前驱体材料转化为碳硅氧化物（SiOC）复合材料，省去了冗长的脱脂步骤和后续的烧结步骤。

三、陶瓷基复合材料对装备性能提升的重要意义

由于航空发动机工况极为复杂，受到载荷、温度、燃气气氛的共同作用，且寿命要求极高、工艺难度巨大，推重比为 12 ~ 15，一级发动机涡

轮进口温度可达到1700～1800℃，而提高涡轮进口温度是获得大推力和高推重比的主要措施。传统金属材料在满足现有载荷、寿命等条件的同时，几乎达到上限。为弥补材料承温能力不足的问题，不得不采用热障涂层与气膜冷却的主动冷却方案，但是冷却气的大量引入，极大影响燃烧效率。而近年来发展愈渐成熟的由碳化硅纤维增强的陶瓷基复合材料在温度低于1650℃的氧化环境中可长时间抗氧化、抗烧蚀，因此，在航空发动机热端部件广泛应用陶瓷基复合材料可以有效提升涡轮前温度，从而大幅增加推重比。此外，陶瓷基复合材料还具有重量轻等特点，其密度仅为传统耐高温合金的1/3，这些优势可大幅提升军用航空发动机性能及相关技术指标，使装配后的战斗机拥有更高速度，空战更灵活并实现更大航程/航时。

据了解，美国、欧洲等拥有先进的航空发动机技术的国家已大量开展将陶瓷基复合材料应用于航空燃气涡轮发动机高温部件的研究。他们普遍认为：先进航空发动机性能的提升很大程度上需要采用新材料、新结构和新技术来实现。陶瓷基复合材料基于优异的耐高温性能、低密度等特性，已经被广泛应用于发动机高压压气机叶片和机匣、高压和低压涡轮盘及叶片、燃烧室、加力燃烧室、火焰稳定器和排气喷管等热端部件，并不断进行考核验证。美国通用公司已将陶瓷基复合材料推广至燃气涡轮及军用涡扇/涡轴发动机等各类发动机新型号中。最新型GE9x发动机的燃烧室、导向叶片、涡轮外环等结构使用了陶瓷基复合材料，使其油耗率比GE90降低10%；H型燃气轮机涡轮外环使用了陶瓷基复合材料，其燃烧效率达到了53%，创造了新的世界纪录；新一代军用涡轴GE3000发动机应用了陶瓷基复合材料，比现有T700发动机油耗降低25%，全寿命周期成本降低35%，寿命延长20%，功重比提高65%。通用公司的陶瓷基复合材料已经走向了技术成熟，加工工艺等关键技术已经得到突破，在各类型号上的应用研究更是奠定了陶瓷基复合材料用于制造军用发动机热端部件的竞争优势。

（中国航空发动机集团北京航空材料研究所
高唯　吴梦露　徐劲松　郭广平）

航空领域碳纤维复合材料最新发展研究

2021 年 7 月，全球领先的碳纤维及先进复合材料制造商 Hexcel 公司，使用 Hexcel HexPly® 碳纤维预浸料开发的轻型无人机成功进行了首航。与同类无人机相比，该机复合材料结构质量减少 42%，整机重量降低，飞行性能显著提升。2021 年 1 月，英国莱昂纳多团队启动新项目，旨在开发一种由碳纤维增强复合材料制成的直升机轮毂。该轮毂除了能够减轻飞机重量外，还能提升轮毂部件的抗疲劳寿命和耐腐蚀性能。碳纤维复合材料由于轻质、高强度等特点被广泛应用于军工和民用工业等各个领域，在航空领域的独特优势也越来越突出。

一、航空领域碳纤维复合材料的基本概念

航空器的轻量化是近些年来航空器研制开发领域聚焦的热点。有研究表明，战斗机的重量若减轻 15%，则可缩短飞机滑跑距离 15%，增加航程 20%，提高有效载荷 30%，从而大大提高其作战性能。在追求轻量化的道路上，铝合金、镁合金、钛合金以及纤维增强复合材料等一代代材料体系

的出现标志着轻量化航空器的更新换代。

碳纤维是指含碳量在95%以上的一种高强度、高模量纤维，其主要用途是作为增强材料与树脂、金属、陶瓷等传统材料基体复合，制成结构材料。碳纤维增强树脂（如环氧树脂、双马树脂等）基复合材料，其比强度、比模量的综合指标，在现有结构材料中是最高的。在密度、刚度、重量、疲劳特性等有严格要求的领域，以及在要求耐高温、高化学稳定性的场合，碳纤维复合材料都颇具优势。

世界各国十分重视研制和开发航空轻质结构材料，特别是在飞机机翼、机身、阻力板、整流罩等部位。如空客A380和波音787等都大量使用了复合材料。波音787中复合材料的用量达到50%左右，空客A350中复合材料的用量达到52%左右。空客公司研制的世界最大民用客机A380，也更多地采用碳纤维材料，其中仅机身壁板采用碳纤维复合材料就达30多吨。此外，在飞机发动机的冷却系统、发动机短舱和反推力装置的设备零件，以及压气机叶片、盘、轴、机匣、传动杆等部件上，也都有碳纤维复合材料的应用。

碳纤维复合材料是目前航空领域轻量化发展最具潜力的材料。除具有质轻、高强度的特点外，结构的可设计性以及结构功能一体化也是未来航空用碳纤维复合材料的发展方向，这也大大拓宽了碳纤维复合材料在航空领域的应用范围，在防雷击、吸波隐身、健康监测、机身除冰等方面具有应用潜力。相应地，航空用碳纤维复合材料的生产工艺也发生了变革，如何实现生产过程的连续化、绿色化以及低成本同时保证力学性能不受损，也是目前的研究热点。

二、国内外航空领域碳纤维复合材料发展现状分析

将航空领域零部件从金属材料过渡到更轻、效率更高的先进复合材料是一个持续数十年的趋势。在过去40年中，民用飞机结构重量中先进复合材料所占的份额超过15%，在直升机和战斗机结构重量中所占的份额超过50%。目前被广泛应用的碳纤维复合材料以碳纤维增强热固性树脂基复合材料为主，如环氧树脂基、双马树脂基复合材料等。近年来，高性能树脂基体如聚醚醚酮、聚酰亚胺等耐高温、强力学性能的树脂基体也逐渐应用于航空领域碳纤维复合材料的制造。除此之外，对纤维及树脂基体进行改性以提升其功能性及工艺性的研究层出不穷。

（一）采用功能化碳纤维复合材料实现结构—功能一体化

碳纤维复合材料的应用解决了航空器追求轻质的问题，但在功能性方面相较于目前较为成熟的金属材料体系还是存在一定劣势的，因此，做到碳纤维复合材料的结构—功能一体化，实现“一材多用”，是目前航空领域碳纤维复合材料研究的热点。

1. 采用粒子增强手段提升碳纤维复合材料的抗雷击性能

与金属材料相比，碳纤维复合材料导电导热性较差，雷击过程中释放的电流不能及时通过放电消除，对飞机的安全飞行构成极大威胁。对于大量使用复合材料的现代飞机，需采取有效雷电防护措施。日本宇宙航空研究开发机构的研究人员对石墨/环氧树脂复合材料层合板开展雷击试验，将复合材料的损伤形式分为纤维破坏、树脂退化、内部分层等。法国航空航天实验室的研究人员发现焦耳热和声波冲击产生的过压是复合材料结构破坏的来源。因此，既可以利用碳纤维的优越特性，又可以减少或者避免雷

击对机器的伤害成为相关行业的研究课题。提高复合材料抗雷击能力的方法有：设金属保护层、金属网，在复合材料内部添加碳纳米管等导电性物质等。2021 年 8 月，美国田纳西大学研究者提出，在碳纤维复合材料中加入 MXene 材料能够有效提高抗雷击性能（图 1）。MXene（表面带负电荷）与聚苯胺（表面带正电荷）的协同作用显示出静电结合，提高了复合材料的导电性，加入 2%（重量百分比）的 MXene，其导电率提高了 139%。此外，MXene－DVB 被用于在碳纤维复合材料基板上制备一种导电热固性涂层，并对 100kA 的雷击进行了测试，涂层表面损伤明显降低，证实了 MXene 作为碳纤维复合材料雷击保护材料的可能性。

图 1　普通飞机和抗雷击层保护下的飞机的雷击反应

2. 采用改性碳纤维复合材料提升飞机隐身性能

由于碳纤维复合材料具有薄、轻、频谱宽、耐冲击、耐高温等特点，并对电磁波具有吸收与屏蔽作用，可作为飞机隐身材料。国外已经实现用碳纤维材料研制隐形飞机等飞行器（图 2），如现役 F－22 战斗机一个最大特点，就是隐身性能好，而这与其大量使用碳纤维复合材料相关。此外，其他战斗机也都采用了碳纤维吸波材料，包括瑞典巡逻舰舰体使用的全复合材料，因而拥有了高隐身、高机动、长寿命等先进作战性能。北卡罗来纳州立大学研究人员致力于为隐身战斗机开发一种更可靠、更耐用和更高效的全新蒙皮。2021 年，研究团队正在开发一种碳纤维增强复合材料聚合物蒙皮，反射率非常低，可吸收 90% 以上的入射波，还具有优异的抗氧化和抗腐蚀能力。该技术将有潜力应用于包括隐身战机、潜艇、航空母舰、弹道导弹等在内的一系列领域。研究团队计划在接下来的 2 年内完成这种材料的定型。

图 2　采用大量碳纤维复合材料隐身技术的 F－22（左）和苏－57（右）

碳纤维作为性能优异的电磁吸波和屏蔽材料拥有承载和隐身的双重功能。未来碳纤维的应用前景：

（1）复合化。未来趋向于碳纤维与电磁吸收与屏蔽性能优异或力学、热学性能良好的磁性功能粒子多元复合，制备具有良好综合性能的复合材料。这些材料不仅能降低制造成本、减轻质量，而且可以综合碳纤维与其他材料的优点，充分发挥各自的优势。

（2）宽频化。今后将在加强电磁理论探索的基础上，尽可能拓宽碳纤维吸收和屏蔽电磁波的频宽，毕竟仅能对抗较小频宽的材料不能满足现代社会波频各异的要求。

（3）功能一体化。未来要求极佳的吸波和屏蔽材料不仅具有优异的防磁性能，同时还兼具良好的力学性能、热学性能等，因此，未来碳纤维应朝着功能一体化的方向发展。

（4）智能化。碳纤维的应用前景还包括可以对环境做出及时响应，并依据周围环境的变化来调节自身的内部结构及电磁特性。

3. 碳纤维复合材料的其他结构 – 功能一体化应用

碳纤维复合材料现在被认为是航空工业的重要材料。尽管在飞机结构中使用碳纤维复合材料取得了不小的成就，但仍需要进一步解决其失效形式问题，提高损伤容限，从而提高其使用可靠性。2021 年 4 月，澳大利亚莫纳什大学研究人员将钢纤维集成到碳纤维增强聚合物基复合材料结构中，制造了一种具有优越的比强度和刚度、高损伤容差、能量吸收和电气功能性能的新材料。他们提出了一种依照碳纤维的电阻变化行为预测金属/碳杂化复合材料内部损伤萌生和扩展的失效方法，通过有限元分析对材料进行了分析和模拟。使用自动化纤维放置工艺，根据需要的规格制作不同的复合材料试件，通过对试件的拉伸试验，分析了试件的破坏行为。对分析结果与试验数据进行比较和验证，证实了提出的方法可以预测材料的失效行为和裂纹萌生过程。这一材料和试验方法的提出为航空材料制造和使用过程的健康监测提供了方法。

在航空器的飞行过程中，低温环境会使得冰在结构上的积累，进而限制设备的性能。2020 年 10 月，美国威奇托州立大学通过试验证明了一种碳纤维增强复合材料表面制备方法，使其表面形成的冰可以很容易地去除，而不需要使用任何其他技术。研究人员采用一种简单的喷涂方法，在真空烘箱制备的单向预浸碳纤维复合材料上制备了含微纳米颗粒的坚固的超疏水涂层，然后将底部（基）涂层和面涂层（超疏水）引入碳纤维复合材料的表面，最后在真空下进行热处理。对复合材料的涂覆试验表明（图 3），每次涂覆后复合材料的水接触角稳定、持久，形成一种永久性超疏水表面，超疏水涂层碳纤维复合材料具有良好的除冰和防冰性能。韩国研究者提出使用碳纳米管薄膜掺杂进碳纤维复合材料中，通过电加热的方法除冰，也是一种解决航空器表面冰积累的方法。

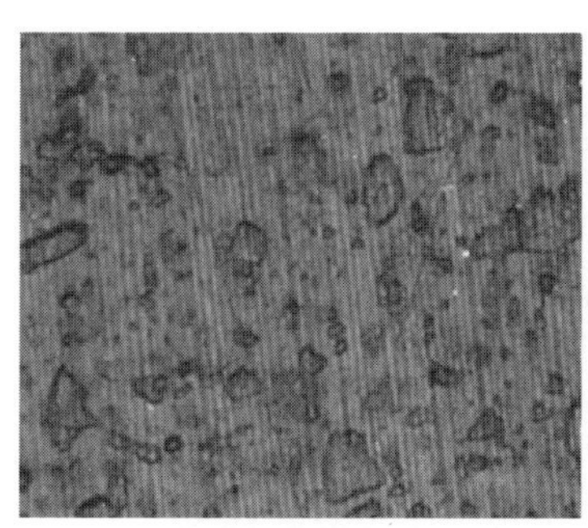
(a)无涂层碳纤维复合材料

(b)有超疏水涂层碳纤维复合材料

图 3　超疏水涂层试验光学图像

（二）采用先进制造工艺实现碳纤维复合材料零件性能提升

传统的制造技术会限制工程师设计最佳零件的自由度，这是毋庸置疑的。但诸如增材制造和拓扑优化等工具为设计提供了比传统结构组件更便利的途径。拓扑优化使用物理驱动的仿真技术来找到给定体积中的最佳形状，以满足性能的要求，这个过程中计算得到的零件很难用传统方法生产。增材制造为解决这个问题提供了途径，诸如3D 打印技术的新制造技术为生产轻量化结构提供了便利。

2021 年，Markforged 公司推出了两种专为航空航天领域设计的复合材料——V－0 级防火材料 Onyx™ FR－A 和连续碳纤维 FR－A。可利用这两种材料通过3D 打印的方法进行航空客舱组件零部件的增材制造。这种材料体系及制造方法的商业化使得轻量化结构的设计不再受传统制造工艺的限制。防火材料和连续碳纤维材料的设计满足飞机内饰许多部件的火焰、烟雾和毒性要求，具有可追溯性，并符合 NCAMP 批准的规范。由于其高强度重量比、优异的表面光洁度和高一致性，它们是专门为航空航天和国防等苛刻行业的最终应用而开发的。有了这两类材料，航空航天领域制造商可以更自由地探索增材制造和高强度连续纤维增强作为最终零件的可能性。

空客A350机身结构一级供应商德国Premium AEROTEC公司在一项名为TOAST的热塑性复合材料增材制造结构的项目中，开发了一种全新的复合材料——金属连接技术。新技术克服了传统设计必须采用螺栓和铆钉连接的缺点，使该公司在5个月的时间内就研制出飞机空气制动结构示范件。该部件由3D打印钛合金载荷传递件和碳纤维增强热塑性复合材料板组成（图4），二者通过复合模塑工艺实现连接。与需要机械紧固件的传统设计相比，新技术的优势主要表现在快速制造、无紧固件、零件数量更少以及组装工艺步骤的高效自动化。另外，3D打印和注塑成型技术使设计自由度更高，减重效果更为明显。

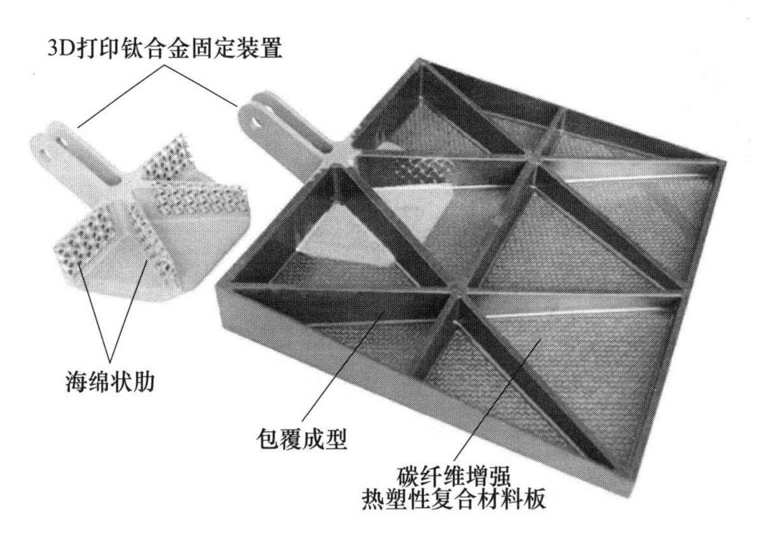

图4　3D打印钛合金载荷传递件和碳纤维增强热塑性复合材料板

（三）采用新型碳纤维复合材料实现全过程绿色化

全寿命周期的绿色化和可持续发展是复合材料领域追求的最终目标。随着时间的推移，复合材料用量在增长，碳纤维的需求量也在迅速增长。但是碳纤维复合材料使用持久性强，基体材料难以降解回收，传统回收方式容易降低其强度等性能，这就对碳纤维复合材料的制造、回收及使用过程绿色化提出了要求。

2021 年 2 月，美国华盛顿州立大学的研究人员开发出一种可回收的碳纤维增强复合材料。通过使用一种称为环氧玻璃体的全新基质聚合物材料，在 160℃的加压蒸馏水中将材料降解成为有价值的碳纤维和其他化合物，回收的碳纤维表现出与原始碳纤维相似的拉伸强度。2021 年 3 月，悉尼大学的研究人员开发出一种改进回收碳纤维增强聚合物的方法，通过氧化和热解（热解过程无氧气参加，碳纤维增强复合材料会被加热而分解，在纤维上留下焦炭，而高温氧化阶段主要将焦炭去除），得到的回收品可保持 90% 的原始强度。该复合材料主要应用于现代商用机身。2020 年 9 月，韩国科学技术院研发出一种阻燃碳纤维增强复合材料。该材料利用从植物中提取的单宁酸制成，单宁酸能够与碳纤维紧密结合，在燃烧时会变成木炭，烧焦的单宁酸会起到屏障的作用，阻止外部的氧气流入。通过利用单宁酸制造环氧树脂，将其混合到碳纤维中，并通过将其溶解在超临界流体状态的水中，在不降低碳纤维性能的情况下，99% 以上的材料都可以被回收。

三、结束语

一个国家新材料的研制与应用水平能够体现出国防科技水平，很多国家都将其放在科研工作的首要位置。未来，航空领域碳纤维复合材料将向着高性能、低成本、结构—功能一体化、智能化与制造工艺自动化等方向发展，提升材料耐热性能以扩大应用范围，进一步推进航空装备轻量化，促进材料/制造/设计一体化以提升自动化制造工艺水平。而结构功能一体化材料体系的设计、先进制造技术的研究以及环境友好型技术的发展，都将助力碳纤维复合材料在航空领域的应用取得更大突破。

（中国航空发动机集团北京航空材料研究所
高唯　吴梦露　徐劲松　郭广平）

纳米超轻材料技术发展动向

2021 年 6 月 24 日，麻省理工学院制造了一种超轻材料，这种材料由纳米级的碳柱制成，具有韧性和机械稳定性。研究小组用超声速的微粒对这种材料进行了弹性测试，发现这种材料比人头发的宽度还薄。研究人员还发现了这种材料与钢、凯夫拉、铝和其他重量相当的抗冲击材料相比，在吸收冲击方面更有效。这种材料有可能作为凯夫拉纤维和钢的替代品，应用于高效防护装甲、保护涂层和防爆盾牌等。

一、纳米超轻材料

（一）纳米超轻材料原理及工艺

超轻材料是一种新型材料，一般指密度小于 10 毫克/厘米^3 的固体材料，具有超轻、高比强、高比刚及耐热性等特点。除此之外，超轻材料还具有优异的减震降噪性能、良好的吸能缓冲性能、突出的吸声和屏蔽性能、理想的过滤与吸附性能等综合特性，是满足装备轻量化、抗冲击和多功能集成需求的重要新型战略材料。

随着超轻材料的继续发展，逐渐出现了纳米级超轻材料。2015 年，波音公司下属休斯研究实验室研究出 100 纳米厚多空微点阵镍－磷空心管材料。微点阵材料属于纳米超轻多孔材料，实现了金属多孔材料在纳米、微米、毫米下的设计，具备更好的韧性、更低的密度，能够应用于航空航天领域。

一般说来，纳米和微米级多孔材料侧重于材料的功能性质，如电学性质、磁性、光学性质，轻质处于第二位。而毫米级的多孔材料，除了质量很轻以外，轻质多孔金属材料优异的热力学等性质也可以满足不同民用和军用需求。

（二）纳米超轻材料承受超声速微粒撞击

以碳纳米管、石墨烯为代表的纳米碳材料具有优良的力学特性，通常作为填料以改善结构复合材料的力学性能。主要有三个途径：

（1）将纳米碳材料分散在基体中，抑制微裂纹的产生与扩展，改善复合材料的力学性能。

（2）将纳米碳材料接枝到增强体的表面，提高增强体与基体间的界面性能，使得复合材料的整体力学性能得到提升。

（3）将纳米碳材料制备成连续纤维，替代传统的增强纤维，与基体直接复合，获得纳米碳纤维增强的复合材料。

为了提高纳米材料的韧性和防撞击性能，研究者做了大量的工作。Han 等在 0.0066%（体积百分含量）低填充量下基于纳米碳宏观体制备了电导率可达 0.135 秒/厘米的石墨烯增强树脂基复合材料。同时该复合材料的断裂韧性也得到了有效的提高。Ni 等利用石墨烯三维骨架结构，将石墨烯骨架与聚（酰胺基胺）树枝状聚合物结合，使材料的拉伸强度和压缩强度分别提高了 120% 和 148%，提高了材料的防撞击能力。还有研究人员基于跨尺度与仿生设计思想，提出并实现了石墨烯纳米带海绵结构的概念，获得了石墨烯纳米带海绵并实现复合化，如图 1 所示。复合材料拉伸强度（提升 4 倍），模量（提升 4 倍）与韧性（提升 10 倍）同时获得提升。

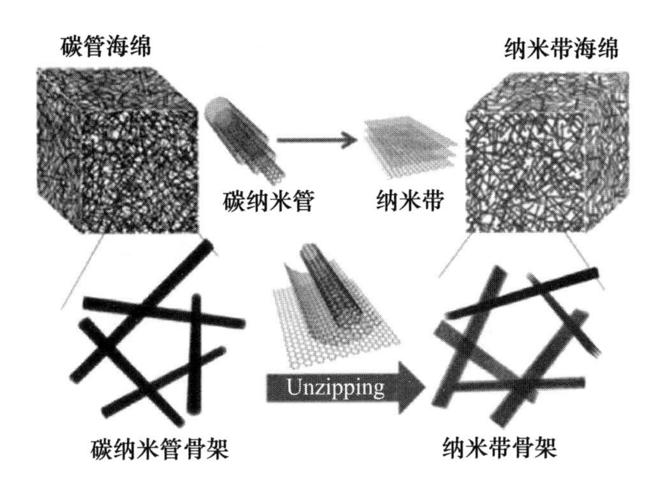

图 1　纳米带海绵制备过程图

二、纳米超轻材料在航空航天领域应用

（一）航空纳米金属合金材料

纳米材料应用于航天器的结构材料，主要包括一些金属材料和金属基复合材料。高强度的纳米材料是航空航天领域的常用材料，提高金属材料强度的有效方法是晶粒细化。利用添加纳米陶瓷来增强金属合金基材料的方法，就是把纳米陶瓷粉体均匀分散于合金中，以提高合金的成核速率，同时抑制晶粒长大，从而起到晶粒细化的作用，抑制材料使用过程中微裂纹的扩展，提高产品的强度。例如，将纳米碳化硅、纳米氮化硅、纳米氮化钛、纳米硅粉添加到金属基体（铝、铜、银、钢、铁等合金）中，可制造出质量轻、强度高、耐热性好的新型合金材料。

（二）纳米陶瓷吸波储能材料

纳米材料具有的小尺寸和量子尺寸效应等特性，使金属、金属氧化物和某些非金属材料在细化过程中，处于表面的原子越来越多，悬挂键增多，界面极化增强，为吸波材料应用提供了可能性。多重散射及量子尺寸效应使纳米粒子的电子能级能隙变宽，能隙宽度处于微波范围（10^{-5} ~ 10^{-2}电子伏特）内，因而可能成为新的吸波通道。

纳米陶瓷粉体是陶瓷类红外吸收剂的一种新类型，主要包括纳米碳化硅粉、纳米氮化硅粉等。纳米陶瓷类红外吸收剂具有吸收波段宽及吸收强度大等特性。纳米碳化硅和磁性纳米吸收剂（如磁性纳米金属粉等）复合后，吸波效果还能大幅度提高。Meza 等研究出的纳米级陶瓷材料同时具备超轻、比强度高等特性，且可在压力达到 50% 时，仍可恢复原形。这种材料通过双光子光刻技术得到聚合物模型，用其做模板，通过原子层沉积镀上一层纳米级的氧化铝膜，并通过氧气等离子体将聚合物模板刻蚀掉，得到厚度为 5 ~ 60 纳米的中空氧化铝陶瓷点阵，如图 2 所示。这种超轻的陶瓷材料具有能量储存的功能，并可以通过改变厚度/半径比值的大小，减小和抑制材料的脆性断裂。

纳米氮化物吸收剂主要有氮化硅和氮化铁，纳米氮化硅在 100 赫 ~ 1 兆赫范围内有比较大的介电损耗，这是由界面极化引起的。纳米氮化铁具有很高的饱和磁感应强度和饱和磁流密度，有可能成为性能优良的纳米雷达波吸收剂。

（三）纳米抑声隐身材料

宾夕法尼亚州立大学于 2018 年透露，他们设计出一个 3 英尺高的金属锥体（图 3），可以抑制声音发射甚至完全掩盖物体，有效屏蔽宽带声纳系统。同年，日韩科学家也发明出超材料透声装置，可将水声高效转化为空气声。

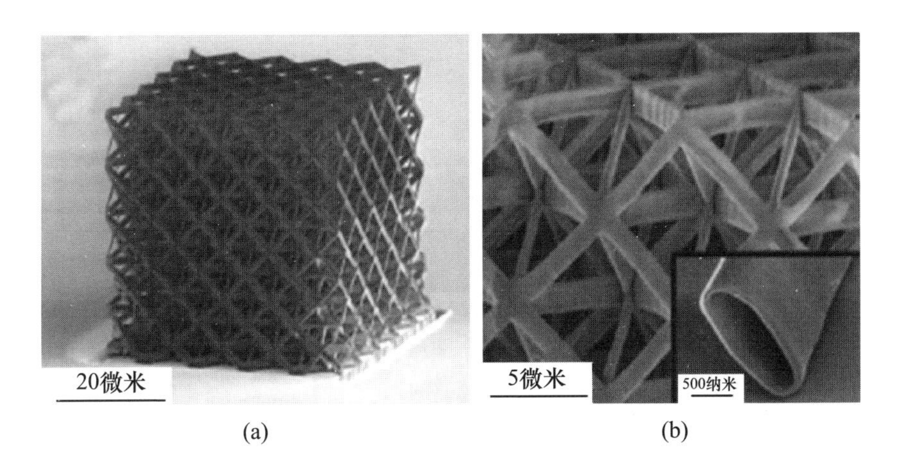

(a)　　(b)

图 2　中空氧化铝纳米点阵

图 3　宾夕法尼亚大学研制的金属抑声椎体

加州大学伯克利分校的科学家设计出两种隐身材料，一种是网状的金属层，另一种是极细的硅纳米丝材。这类材料使得光线绕开物体，不产生折射和反射，从而达到光学隐身的效果。

（四）纳米隔热材料

在航空领域中，温度变化迅速，良好的隔热材料是重要保障之一。随着国内外纳米技术的发展，纳米材料渐渐进入到人们的视野，如以二氧化硅（SiO_2）气凝胶为基础的纳米多孔绝缘材料，但其机械强度较低。纳米碳材料因其耐高温等优良特性，为制造高性能新型绝热材料开辟了一条新途径。2014 年，Wicklein 等研究了一种超绝缘、阻燃和强各向异性的泡沫，它是由纳米纤维素、氧化石墨烯和海泡石纳米棒的悬浮液经冷冻浇铸后得到的。泡沫超轻，具有出色的耐燃性，导热系数为0.015 瓦/（米·℃），约为膨胀聚苯乙烯的一半，隔热性能要优于传统的基于聚合物的绝缘材料，并且该复合材料在轴向上比二氧化硅气凝胶的机械强度更高，使得纳米级工程具有更加广泛的应用。2017 年，Lei 等为了提高二氧化硅气凝胶的热绝缘和机械性能，将 GO 作为纳米填料添加到二氧化硅中，在溶胶-凝胶技术的基础上进行超临界干燥，制备出 Si/GO 复合气凝胶。由于 GO 纳米片与二氧化硅基体之间的界面相互作用，与纯气凝胶相比，复合气凝胶的导热系数从0.0089 瓦/（米·℃）降低到0.0072 瓦/（米·℃），且表现出一定的韧性，隔热性能优异。

如图4 所示，在石墨烯复合海绵功能研究中通过微结构的控制开发出具有超低热导率和超高韧性的石墨烯复合海绵。

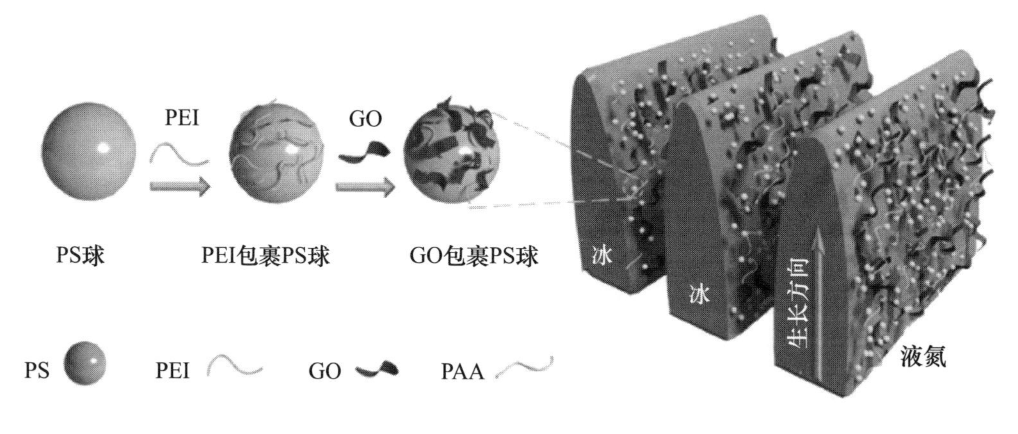

图4　各向异性纳米结构隔热海绵

三、纳米超轻材料与传统材料对比

纳米材料由于具有独特的小尺寸效应而表现出不同于传统材料的物理和化学性质。利用纳米材料这些独特的性质，可对传统材料进行改性，进而开发出更高性能的材料，开辟出新的材料生产途径，以满足传统材料不能达到的要求，尤其是满足航天航空领域对材料性能的特殊要求。应用纳米材料可减小航天器电子元器件的体积和质量，并提高其可靠性。

（一）纳米结构超轻材料优势

纳米结构超轻材料是一种新型材料，其主要优势表现在力学性能和光学性能两个方面。

1. 力学性能

高温、高硬、高强是结构材料开发的永恒主题，纳米结构材料的硬度（或强度）与粒径成反比（符合霍尔佩奇关系式）。材料晶粒的细化及高密度界面的存在，必将对纳米材料的力学性能产生很大的影响。在纳米材料中位错密度非常低，位错滑移和增殖采取 Frand – Reed 模型，其临界位错圈的直径比纳米晶粒粒径还要大，增殖后位错塞积的平均间距一般比晶粒大，所以在纳米材料中位错的滑移和增殖不会发生，此即纳米晶强化效应。

2. 光学性能

纳米粒子的粒径（10 ~ 100 纳米）小于光波的波长，因此将与入射光产生复杂的交互作用。金属在适当的蒸发沉积条件下，可得到易吸收光的黑色金属超微粒子，称为金属黑，这与金属在真空镀膜时形成的高反射率光泽面形成强烈对比。由于量子尺寸效应，纳米半导体微粒的吸收光泽普遍存在蓝移现象，纳米材料因其光吸收率大的特色，可应用于红外线感测器材料。

（二）纳米结构超轻材料缺点

纳米结构超轻材料主要存在三个缺陷，即点缺陷、线缺陷、面缺陷。点缺陷，如空位、溶质原子和杂质原子等，是一种零维缺陷；线缺陷，如位错，是一种一维缺陷，位错的线长度及位错运动的平均自由程均小于晶粒的尺寸；面缺陷，如孪晶、层错等，是一种二维缺陷。纳米晶粒内的位错具有尺寸效应，当晶粒小于某一临界尺寸时，位错不稳定，趋向于离开晶粒，而当粒径大于该临界尺寸时，位错便稳定地存在于晶粒内。

位错与晶粒大小之间的关系为：

（1）当晶粒尺寸在50～100纳米，温度$<0.5T_m$时，位错的行为决定了材料的力学性能。随着晶粒尺寸的减小，位错的作用开始减小。

（2）当晶粒尺寸在30～50纳米时可认为基本上没有位错行为。

（3）当晶粒尺寸小于10纳米时产生新的位错很困难。

（4）当晶粒小于约2纳米时，开动位错源的应力达到无位错晶粒的理论切应力。

四、总结与建议

超材料仍然是一种相对较新的技术。发展超材料的潜力是巨大的，但是目前的技术存在一定的困难。超材料发展的瓶颈主要集中在，微观制造技术尚不成熟、制造设备/工装/工具成本过高、原材料质量不稳定等因素。从超材料的潜力上看，工程师需要具备从微波、红外波到无线电、电磁学、微观制造等领域的知识。所以超材料的发展需要跨学科、多机构协同行动，加强超材料生态社区之间的沟通，协调资源，统一重点方法以解决超材料从科学发现向规模化生产的过渡。同时，利用纳米技术、材料基因工程等新技术，并将空间环境纳入航空航天材料的研制全流程中，进一步开展航空航天材料的研制和开发，才能进一步满足航空航天工程任务的需要，为国防科技的发展和国家综合实力的提高贡献力量。

（中国航空发动机集团北京航空材料研究所
高唯　吴梦露　徐劲松　郭广平）

国外超疏水材料最新进展及其军用潜力分析

2021 年 9 月，受美国海军研究署、空军科学研究办公室等资助，伊利诺伊大学研制出一种超薄自修复超疏水涂层，克服了传统超疏水材料耐久性差的问题。该涂层厚度不足 10 纳米，利用聚合物链的动态交换实现了室温自修复，还具有耐久性和环保性，当表面存在刮痕、切口和针孔等机械损伤时，仍能维持良好的超疏水性。

一、超疏水材料的概念内涵

超疏水材料是一类对水具有极端排斥性的材料，通常由特殊的表面微纳结构和低表面能化学物质构成，水滴在其上无法滑动铺展而保持球型滚动状，从而达到滚动自清洁的效果。超疏水材料的典型特征是具有接触角大于 150°、滚动角小于 10°的超疏水表面。构造超疏水表面的方法有两种：一是在疏水材料表面构建微观粗糙结构；二是用低表面能物质对微观粗糙表面进行改性。超疏水材料独特的固－液界面性质，使其在表面自清洁、生物防污、腐蚀防护、抗结冰、流体减阻、热传递等领域展现出巨大的应用潜力。

二、国外超疏水材料的最新技术进展

近年来，超疏水材料已成为功能材料领域的研究热点，在超疏水机理深化研究、成分/结构优化设计、制备方法创新、耐久性突破等方面持续取得新突破。

（一）机理研究不断深化，促进新型超疏水材料研制

超疏水材料早期设计是以模拟由微米级乳突结构和蜡质组成的荷叶表面，以及鲨鱼表皮结构等典型的天然超疏水结构为主。随着超疏水机理研究的深入，发现蚊子复眼、猪笼草、蝴蝶翅膀、水黾腿部以及刺鲀表皮中也存在特殊的超疏水表面，并由此设计出一系列新型超疏水材料（图 1）。2019 年 9 月，日本国立材料研究所受刺鲀表皮的弹性刺启发，利用针状氧化锌和聚二甲基硅氧烷制备出一种具有多孔框架结构的超疏水材料。

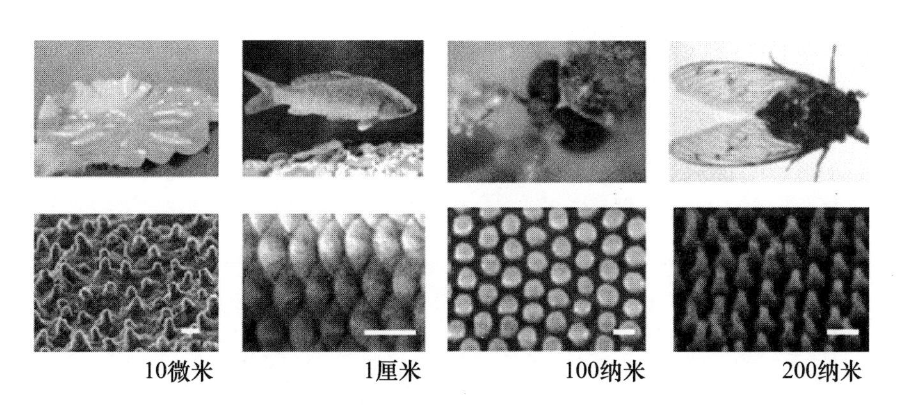

图 1　典型天然超疏水表面结构（从左至右：荷叶、鱼类、蚊子复眼）

（二）利用多种技术路径提升耐久性，加速超疏水材料实用化

超疏水材料表面的微纳粗糙结构是决定其超疏水性的主要因素，但这种微纳结构存在机械强度低、稳定性不足、耐磨性差等问题，容易被外力破坏

而丧失超疏水性，导致超疏水材料耐久性不足、实际应用受限。目前，提高超疏水材料耐久性的方法主要包括增强材料表面机械稳定性、引入自修复性等。2020 年 1 月，美国内华达大学研制出一种自修复超疏水涂层。该涂层包含由自修复聚合物包裹微米颗粒和纳米颗粒构成的微胶囊，受机械和化学损伤后，微胶囊中的微米颗粒和纳米颗粒释放，作为腐蚀抑制剂显著减少金属基材的腐蚀（图 2）。2021 年 8 月，德国卡尔斯鲁厄理工学院将相分离技术和数字光处理 3D 打印技术结合，制造出一种具有复杂三维纳米结构的超疏水材料。这种超疏水材料表现出良好的机械稳定性，经历 40 次磨损循环后仍具有高粗糙度的表面结构，进而保持较好的超疏水性。2021 年 8 月，美国中佛罗里达大学研制出富勒烯超疏水薄膜，该薄膜在水中浸没数小时或者水流持续冲刷下仍能保持超疏水性，这是以往超疏水材料无法达到的。

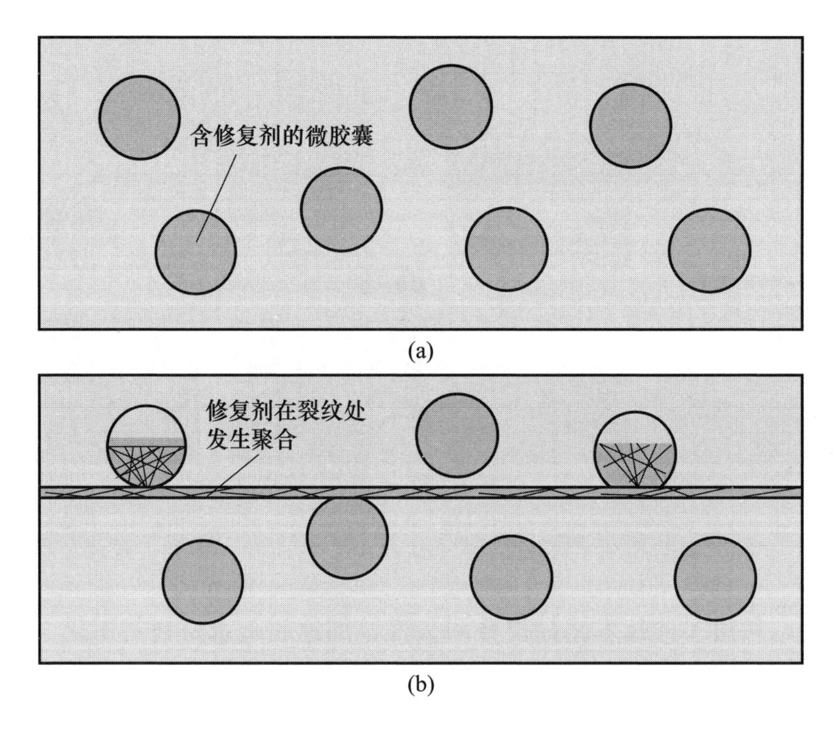

图 2　自修复超疏水涂层的自修复机理示意图

（三）超疏水材料向多功能、可调控方向发展

超疏水材料的研发已不局限于获得单一的超疏水性，而是向着多功能、可调控的方向发展。将材料表面的特殊润湿性，如超疏水、超亲水、超亲油、超疏油等，进行多元组合，将极大拓展超疏水材料的应用范围。2017 年 5 月，美国莱斯大学研制出可用于超级电容器等电子元器件的激光诱导石墨烯材料。该材料在空气或氧气中具有超亲水性，而在氩气或氢气环境下则具有超疏水性，可通过控制气氛环境实现超疏水 – 超亲水的可逆调控。2020 年 8 月，韩国浦项科技大学利用逐层组装法制备出一种超疏水涂层，兼具防雾、减反射和自清洁功能，可作为光学涂层用于传感器和显示器。2021 年 2 月，加拿大西蒙弗雷泽大学通过控制十八烷基三氯硅烷与水的单步非化学计量反应，研制出一种由微纳米级硅氧烷聚集体组成的超疏水涂料，通过简单浸渍或喷涂可在不同组成和尺寸的固体表面形成多功能超疏水涂层，与水的接触角高达 172°、滚动角低至 0. 7°。用水溶性荧光染料替代纯水加入十八烷基三氯硅烷中形成复合涂层，涂覆于滤纸上呈现为粉红色，利用水和有机溶剂洗涤后颜色保持不变，证实这种超疏水涂层具有良好的染料封装能力（图 3）。

图 3　超疏水涂层的封装能力

三、超疏水材料的军用潜力分析

国外军方十分关注超疏水材料技术发展，长期支持高校、小企业等开展超疏水材料的研制工作，通过组成设计优化和制备工艺创新加速超疏水材料的实用化，持续探索超疏水材料的军用潜力。美国海陆空三军和NASA近10年资助的超疏水项目超过20个，一方面支持美国橡树岭国家实验室、莱斯大学等高校开展超疏水材料的基础研究，重点解决表面微结构不稳定、力学性能不足、耐久性差等问题；另一方面，通过小企业创新研究计划和小企业技术转移计划，长期资助多家小企业针对具体军事应用需求开展超疏水材料研究，包括船舶结构用耐用超疏水防冰涂层、超疏水防冻纳米复合材料、舰艇表面减阻用超疏水涂层、潜艇超疏水吸波材料、飞机起落架用超疏水防腐涂层、热交换器用超疏水防冰涂层、自修复防冰涂层、防雾超疏水涂层、水下电子设备用超疏水防护涂料等。

（一）提升武器装备的防腐、防污、防雾、防冰等综合防护能力，有效降低维护成本

在腐蚀防护方面，超疏水材料通过阻隔水分子与金属材料的直接接触，有效缓解金属材料的氧化腐蚀。2017年4月，受美国海军研究署、空军研究实验室等资助，密歇根大学研制出一种高耐磨性超疏水涂料。该涂料由氟化多面体低聚倍半硅氧烷（F－POSS）低表面能材料和氟化聚氨酯高弹体（FPU）黏合剂混溶制成，涂覆于基材后形成超疏水涂层。该涂层兼具自修复性和耐磨性：表面受损后低聚倍半硅氧烷迁移至损伤处形成新的低表面能微纳粗糙结构，实现自修复；氟化聚氨酯高弹体的高弹性能缓解涂层受到的外力冲击，使涂层经受4000次Taber循环磨耗测试仍能保持超疏

水性，而现有超疏水涂层经约40次Taber循环磨耗测试后即丧失超疏水性。此外，美国空军在综合考虑与起落架基材的相容性、防腐效果、施工方式、对起落架安全性和可靠性影响等多种因素后，开发出一种用于飞机起落架的超疏水防腐涂层，并进行了氢脆、疲劳、磨损等测试。

在防污方面，超疏水材料通过抑制海洋微生物在船体表面的附着，实现良好的污损防护。例如，澳大利亚国立大学研发出一种多功能超疏水涂层，它由聚氨酯－聚甲基丙烯酸甲酯和氟改性的二氧化硅纳米粒子组成，兼具超疏水、耐磨损、防紫外线和耐腐蚀等特性。该涂层经受紫外线照射50小时而不发生老化，在油污和强酸的作用下仍能保持微观结构完整性，可用于船体防腐和防污。

在防雾方面，具有多尺度表面结构的超疏水材料能在潮湿环境中抑制雾气的凝结，有效保护光学器件等重要设备。2020年8月，韩国浦项科技大学的研究人员通过将低表面能微结构图案转移至异质结构纳米薄膜，制备出一种兼具防雾、抗反射和自清洁的超疏水涂层，可有效保护光学传感器。超疏水涂层采用逐层组装法制备而成，顶部是由全氟聚醚组成的低表面能微柱区域，能够形成气－固界面，实现超疏水性；底部是由壳聚糖/羧甲基纤维素聚合物与二氧化硅组成的纳米复合材料区域，具备强氢键结合能力，能提高吸湿性能。结果显示：该涂层的顶部区域会快速将气相中的水分子冷凝至底部区域进行吸收，有效抑制光学反射及雾气的产生，并吸附表面污染物；微柱直径25微米、间距100微米时，与水接触角达到162°。

在防冰方面，超疏水材料通过影响冰形核前液滴的表面滚动，显著改善飞机机翼、起落架等的结冰问题，保障飞机的正常运行。在海军研究署和空军研究办公室的资助下，密歇根大学的研究人员采用聚二甲基硅氧烷、聚氨酯橡胶、含氟聚氨酯等作为弹性体基体，制备出一系列超疏水防冰涂层，有望用于飞机、船舶、电线、雷达罩等。这些涂层表现出优异的耐用性，经历严重机械磨损、100 次结冰/除冰循环以及长达数月的低温环境，与冰的黏附强度仍低于 10 千帕，而传统防冰材料仅低于 100 千帕。此外，在美国空军研究实验室资助下，莱斯大学研制出可高效防冰的石墨烯复合超疏水材料。该材料在温度低至 -14℃时表面仍不会结冰。-51℃下，仅施加 12 伏的电压就能防止材料表面结冰。

（二）显著减小飞机和船舶的航行阻力，节省燃油成本

超疏水材料通过抑制结构表面与环境中的流体、颗粒等物质的相互作用，可有效降低飞机和船舶的航行阻力，降低燃油消耗。2018 年 6 月，在美国海军研究署资助下，密歇根大学研制出一种多功能超疏水涂料并进行了海试，证实其能有效减阻、提高燃油效率并降低潜艇噪声。据估计，这种涂料有望为美国海军节省数百万美元的燃油成本，计划几年内实现小规模军事应用。2019 年，美国空军开始研制用于中空长航时飞机蒙皮的超疏水涂层，以降低飞行过程中的摩擦阻力。2020 年 3 月，在 NASA 和海军研究署的资助下，加州大学设计出新型超疏水材料并验证了其在开放水域的减阻效果。在航速为 5～10 节、雷诺数为 6.5×10^6的条件下，28 厘米^2 的试样使 4.06 米长小船的平均阻力降低了 30%。

（三）改善关键部件的热管理，提高装备的任务执行效率

在凝结过程释放的表面能作用下，液滴会以一定的速度弹离超疏水表面并实现定向传输，进而有效提升热传递效率。2018 年，美国海军通过小企业创新研究计划开展“用于铝质热交换器的超疏水/疏油涂层”研究。该项目旨在开发等离子电解氧化铝转化涂层工艺，将金属表面转化为超疏水金属氧化物陶瓷涂层，以解决 V-22“鱼鹰”倾转旋翼机铝制热交换器在

沙漠、海洋等恶劣环境下散热效果较差的问题，提高其任务执行效率和范围。

（中国船舶集团第七一四研究所　方楠　陕临喆）

美国海军装甲防护材料最新进展研究

2021年1月，美国海军海上系统司令部卡迪洛克分部研制出一种多层复合结构材料，并获得专利。在阿伯丁测试中心的弹道测试结果表明，这种复合结构材料具有优异的抗弹性能，可作为装甲材料应用于海军舰船。装甲防护材料可在战场环境中有效保护舰船重要舱室和人员免受炮弹攻击。

一、概述

目前舰船用装甲主要采用陶瓷、高强钢或纤维增强树脂基复合材料等，制成的装甲存在性能单一、密度仍有待降低等问题。近年来，美国海军积极研制透明装甲、复合结构装甲、碳纳米材料轻质装甲等轻质高硬度的多功能装甲材料，有望为军事装备和士兵提供更好的防护。

二、进展情况

（一）透明装甲材料

透明装甲可装备于军用车辆窗口，对其抗弹性能、透明度等要求较高。

目前的军用装甲窗材料多为尖晶石和蓝宝石。尖晶石是一种由铝酸镁构成的矿物质，具有耐磨损、抗冲击、高硬高强等性能，还在紫外、可见光、红外光频段具有良好的光学透过率。蓝宝石硬度更高但价格昂贵。近年来，为使用较低的成本实现更好的防护效果，美国海军研究实验室围绕提升透明装甲材料的抗弹性能和减重等方面开展了大量研究。

2014 年 4 月美国海军研究实验室开发出新型纳米尖晶石制造工艺——增强型高压烧结法，可将尖晶石粉末在真空加压状态下烧结至透明。这种方法可使用高压同时延迟体扩散速率、破坏粉末团块和重排相邻的纳米粒子，消除陶瓷孔隙，将尖晶石晶粒尺寸减小到 28 纳米。研究结果表明，制备出的纳米尖晶石硬度较传统尖晶石装甲材料高 50%，具有高透明度，允许紫外、可见光、红外光等各类重要光线通过，可应用于红外无人机摄像头、军用车辆窗口等。

与陶瓷材料相比，聚合物材料通常能以较轻的重量实现更好的防护效果。2017 年 3 月，海军研究实验室研发出一种热塑性弹性体透明装甲材料。该材料兼具橡胶和热塑性塑料的特性，在常温下呈现出橡胶的高弹性、高强度和高回弹性，温度高于 100℃时可熔化材料微晶结构并通过扩散使断裂面熔合在一起，实现可逆修复。这种材料具有透明、轻质、可修复的特点，可用于替代关键设备上安装的防弹玻璃，能够在维持高防护性能的基础上大幅减轻装备自重；或用作战场可修复透明装甲聚合物涂层，在战场条件下快速修复受损装甲，缩短维修保障时间。

（二）复合结构装甲

复合结构材料由于具有优异的力学性能通常作为结构材料，已用于舰船壳体、上层建筑、推进系统等。美国海军希望开发一种多功能复合结构材料，可同时满足结构支撑、弹道防护和电磁屏蔽功能，并提出了两种设计思路：一种是将特定几何形状陶瓷粉末加入多层复合结构；另一种是以前种多层复合结构为基础，集成其他功能层构建多功能复合结构。2021 年 1 月，美国海上系统司令部卡迪洛克分部宣布研制出一种多层复合结构 865，弹道测试结果表明其有望作为装甲材料用于海军舰船。

1. 多层复合结构 765

这种复合结构 865 包含一种含特定几何形状陶瓷粉末的多层复合结构 765。复合结构 765 基材采用环氧树脂、弹性体或玻璃纤维织物，陶瓷粉末选用氧化铝、碳化硅、碳化硼、碳化钛、碳化钨、氧化镁、二氧化钛等。研究人员先通过粉末沉积系统将陶瓷粉末选择性沉积在 8 个相同尺寸的矩形基板上，使每个基板含特定几何形状的陶瓷粉末；然后将 8 个基板与 1 个不含陶瓷粉末的基板堆叠构成多层复合结构 650（图 1、图 2）；用不同树脂

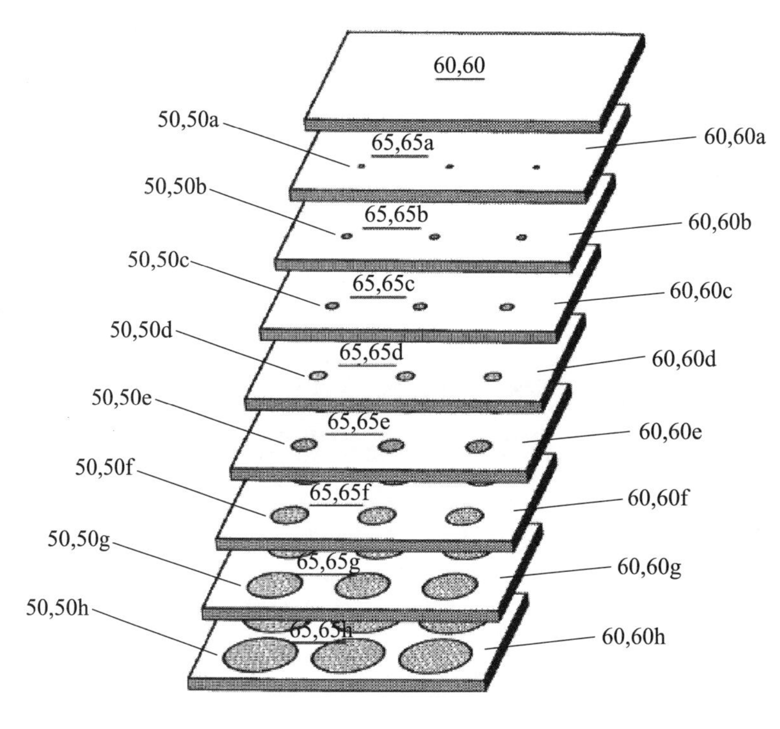

图 1　多层复合结构 650 结构示意图

（高应变聚合物或低介电树脂）浸渍复合结构 650 得到复合结构 765（图 3）。陶瓷粉末在每个基板中以不同方式排列，最终在复合结构中形成圆锥形、三棱锥、四棱锥、半球形、斜截锥等多种三维形状（图 4 所示均以圆锥形为例）。试验结果表明：陶瓷粉末构成的这种特殊结构赋予多层复合结构 765 优异的抗弹性能和电磁传输特性。

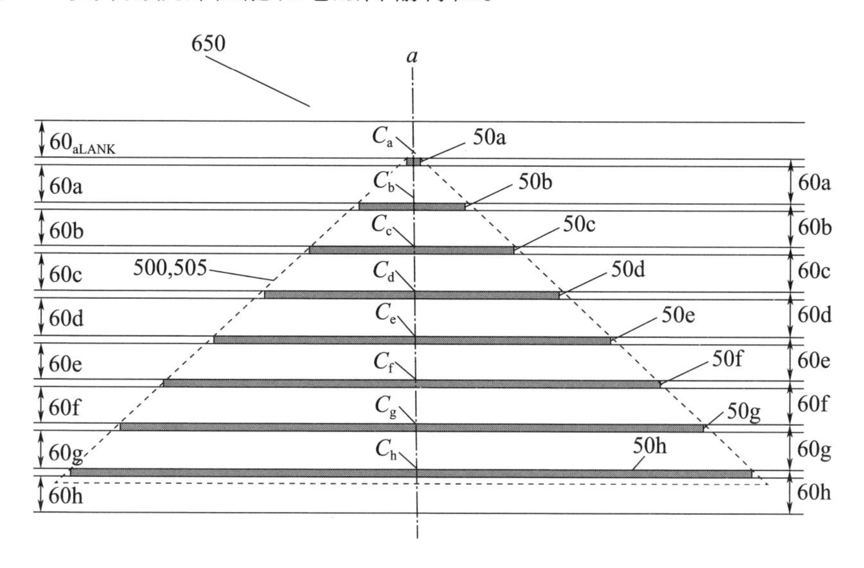

图 2　多层复合结构 650 正视图

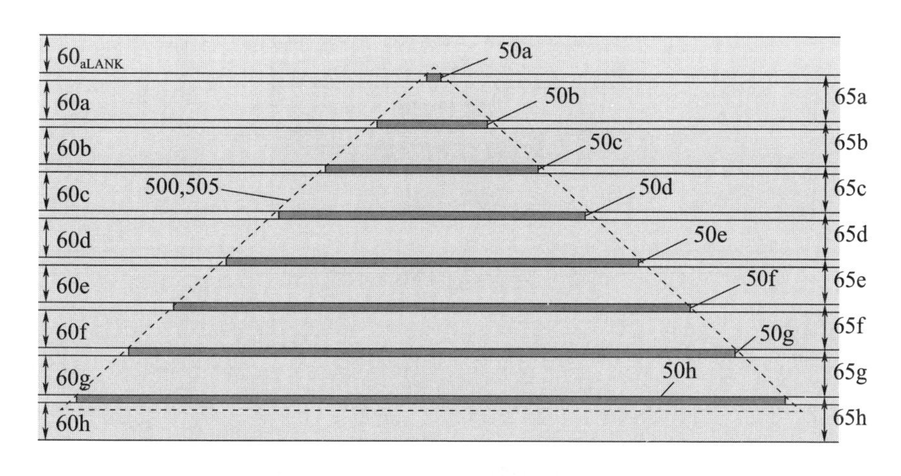

图 3　复合结构 650 经树脂等浸渍后获得复合结构 765

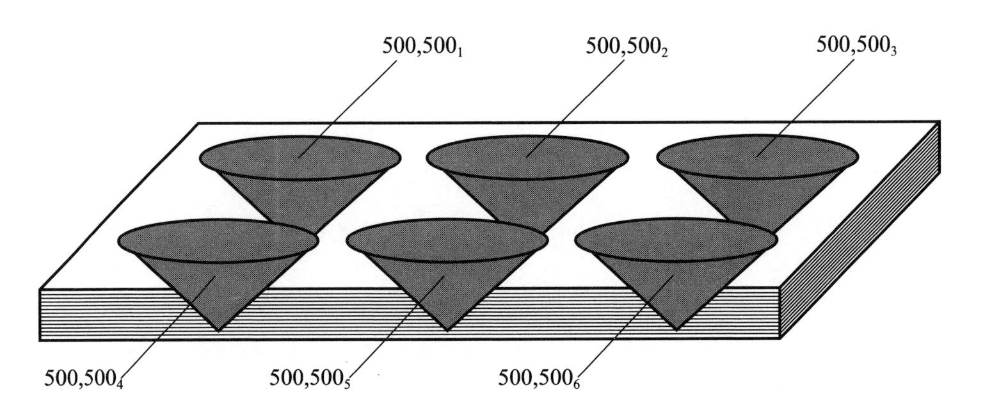

图 4　具有锥形陶瓷夹杂物（5001～5006）复合结构 650、765 的二维透视图

2. 多层复合结构 865

此次海军试验的多功能复合结构 865（图 5）是以多层复合结构 650 或 765 为基础，并与其他多种材料集成进行构建。自上而下包括低密度、高应变率聚合物 810，混合复合材料编织层 820，复合结构 650 或 765，陶瓷板 830，高应变率聚合物抗弹织物 840 和接地层 850，同时具备抗弹和电磁波吸收特性。

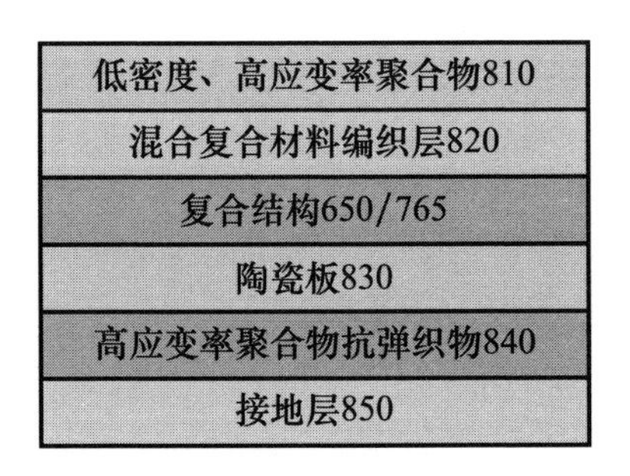

图 5　复合结构 865 示意图

复合结构 865 中的不同层具有不同的功能：810 为抗弹层，由低密度、自修复的应变敏感型聚合物（如聚氨酯、聚脲，或聚氨酯和聚脲的混合物）组成，在承受高速率载荷时瞬态刚度显著增加，可应对穿甲弹等的高速冲

击；陶瓷板830由氧化铝、碳化硅、碳化硼、碳化钛、碳化钨、氧化镁或二氧化钛等构成，具备弹道防护性能；抗弹织物840同810类似，具有高的断裂应变，一般采用超高分子量聚乙烯或芳族聚酰胺制成；接地层850一般为铝箔或碳纤维片，可防止电磁耦合干扰。测试结果表明：在较低的应变速率下，该复合结构中的应变敏感型聚合物杨氏模量为6.895~27.58兆帕；在高应变速率下（1000~100000/秒）达到2.41~3.45吉帕，拉伸强度从13.79~55.16兆帕提高到551.6兆帕。

随后，海军对多功能复合结构865进行了多次组成优化和试验测试。发现：采用聚氨酯为低密度、高应变率聚合物层810，聚丙烯+E玻璃纤维混纺织物为混合复合材料编织层820，复合结构650（陶瓷粉末在复合结构中为圆锥状，基材采用S-玻璃织物），氧化铝陶瓷板为陶瓷层830，超高分子量聚乙烯制成高应变率聚合物防弹织物层840，铝箔为接地层850，由此制成的多功能复合结构865综合性能最佳。

复合结构765密度低且同时具备弹道防护和电磁波传输特性，有望应用于天线罩；复合结构865实现了弹道防护、电磁防护和结构功能特性的集成，并能够通过调整功能层厚度和材料组成满足不同的性能要求，未来可应用于装甲结构。

（三）轻质装甲防护材料

与常规抗冲击装甲材料相比，具有纳米结构的防护材料在比强度、弹性、高能量耗散等方面具有显著优势。2018年，麻省理工学院开发出一种称为凝胶静电纺丝超细纤维生产工艺，可制备出具有超常强度和韧性的纳米尺度纤维，成为装甲材料的新选择。2021年6月，在美国海军研究署的资助下，麻省理工学院等高校合作研发出一种可抵抗超声速微粒的纳米材料（图6）。制备过程是先采用双光子光刻技术，使用IP-Dip光刻胶在纳米单位上周期性打印一种复杂的十四面体结构（约有15亿种可能的变化），制备聚合前驱体；然后进行900℃热解，制得晶胞尺寸为2.5±0.2微米的十四面体热解碳纳米材料。经试验验证，该纳米材料的有效杨氏模量为0.43±0.09吉帕，有效强度为25±4兆帕，能够有效耗散冲击能量，阻止微粒穿透，最高可捕获820米/秒的二氧化硅微粒，抗冲击性能比纳米级聚苯乙烯高75%，比凯夫拉复合材料高72%。这种纳米材料有望成为新的抗冲击防爆材料，如果实现大规模生产，将用于制造轻质装甲、防护涂层、防爆盾牌等抗冲击防爆装备。

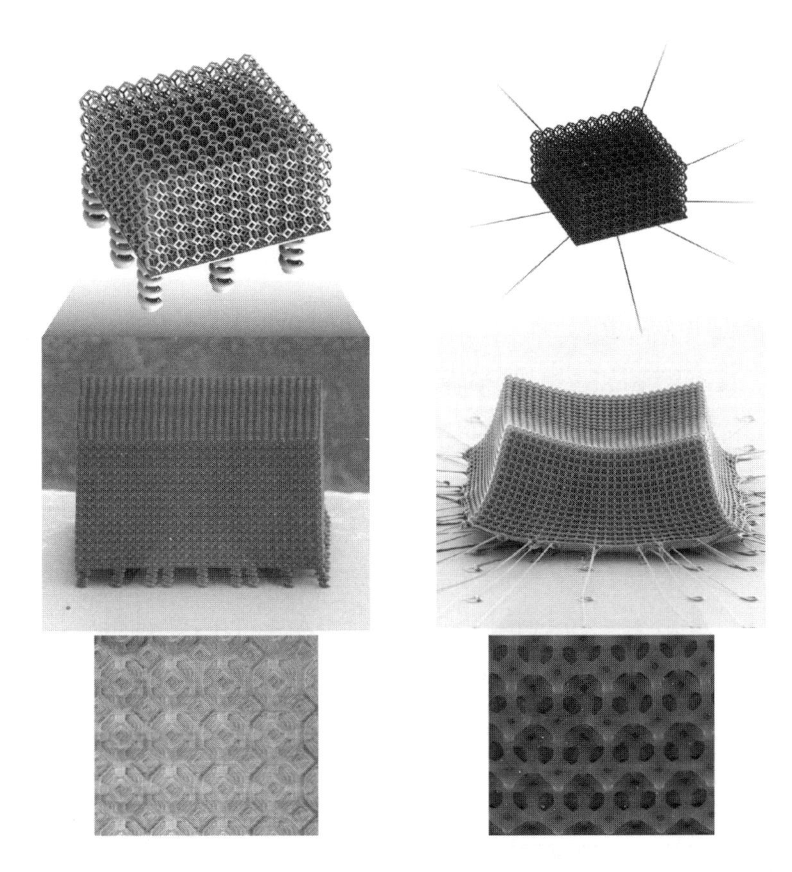

图6　超强抗冲击纳米材料

三、影响意义

装甲防护材料可有效提高舰船的生存能力而越来越受到美国海军的高度重视。近年来，美国海军研究实验室、海军研究署、海上系统司令部积极研发新型装甲防护材料，具体围绕高硬度、轻质、多功能化开展，但多数尚处于实验室研究阶段。海上系统司令部开发的复合结构材料865已取得试验验证，预计将于近年应用于海军舰船。

（中国船舶集团第七一四研究所　王敏）

有望替代现有飞机蒙皮的轻质多功能陶瓷复合材料

2021年5月，受美国海军研究署资助，北卡罗莱纳州立大学研制出一种兼具热防护和电磁屏蔽性能的多功能陶瓷复合材料，电磁屏蔽性能和热稳定性均优于当前飞机蒙皮用聚合物吸波材料，有望用作下一代隐身飞机的蒙皮，将提高其隐身性、航速和航程。

一、概述

聚合物基复合材料比强度和比模量高，广泛用于航空航天和国防领域，F-35机身中复合材料的占比达到35%。碳纤维增强聚合物基复合材料是机身最常用的复合材料，基体主要采用环氧树脂和双马来酰亚胺，最高使用温度分别为180℃和232℃。马赫数为2时，飞机蒙皮温度通常超过100℃；马赫数为2.2时，蒙皮温度最高达到120℃。飞机服役时工作温度超过基体最高使用温度时，碳纤维增强聚合物基复合材料中基体分解同时纤维与基体剥离，最终破坏复合材料的结构完整性并导致力学性能显著降低。同时，闪电、电磁干扰等电磁辐射对飞机及相关电子设备的安全性也会构成严重威胁。因此，需研制一种同时满足碳纤维增强聚合物基复合材料热防护和电磁屏蔽需求的防护材料。热防护要求材料具备低的热导率和良好的热稳定性，而电磁屏蔽则要求材料具备高电导率以吸收或反射电磁波，而高的电导率通常伴随着高的热导率。因此，材料的热防护和电磁屏蔽性能往往难以同时兼顾。

二、研究进展

聚合物衍生陶瓷高温抗氧化和抗蠕变性好、设计和制造灵活性高、可加工成各种复杂形状，是高温电磁波吸收材料的理想基体。为此，研究人员设计出一种由聚合物衍生 SiCN 陶瓷、氧化钇稳定氧化锆纤维和碳纳米管组成的多功能陶瓷复合材料（图 1），可为碳纤维增强聚合物基复合材料同时提供热防护和电磁屏蔽双重防护（图 2）。具体制备过程是先后采用低浓度和高浓度碳纳米管溶液对氧化钇稳定氧化锆纤维预成型板进行渗透，使预成型板两面均涂覆碳纳米管，形成氧化钇稳定氧化锆涂覆的碳纳米管层；再用硬化剂（含 YSZ 微米颗粒的醋酸锆悬浮液）渗透氧化钇稳定氧化锆预成型板，得到氧化钇稳定氧化锆/硬化剂层；随后，将两层氧化钇稳定氧化锆涂覆的碳纳米管层置于上下两层 YSZ/硬化剂层之间，堆叠组成多层结构，并于 150℃下热处理将硬化剂转变成完全稳定的氧化钇稳定氧化锆陶瓷结构；然后，在真空环境下用聚硅氮烷溶液（聚合物衍生 SiCN 陶瓷前驱体）对多层结构进行渗透并迅速固化，在氮气环境下经 1000℃高温分解后得到多功能陶瓷复合材料；最后，将多功能陶瓷复合材料置于碳纤维预浸料上，通过真空袋系统进行共固化，实现多功能陶瓷复合材料与碳纤维增强聚合物紧密结合而得到混合复合材料。多功能陶瓷复合材料包含四层结构：顶层和底层为氧化钇稳定氧化锆纤维增强的氧化钇稳定氧化锆 SiCN 陶瓷（YSZ/PDC）层，作为热防护和阻抗匹配层；中间两层为含碳纳米管的氧化钇稳定氧化锆纤维增强聚合物衍生 SiCN 陶瓷（YSZ/PDC/CNTs）层，作为电磁屏蔽层。热防护和阻抗匹配层热传导依赖于晶格振动，低热导率的聚合物衍生陶瓷和氧化钇稳定氧化锆抑制了电子运动而影响热传导，同时通过自由空间阻抗匹配和孔隙结构允许更多的电磁波进入。电磁屏蔽层中的氧化钇稳定氧化锆纤维之间存在碳纳米管网络和自由碳，可提高纤维的电导率；电磁波进入电磁屏蔽层在其内部形成大量导电通道，高电导率的碳纳米管使电子自由运动并在每个导电通道中产生感应电流回路，从而实现电磁波能量耗散。

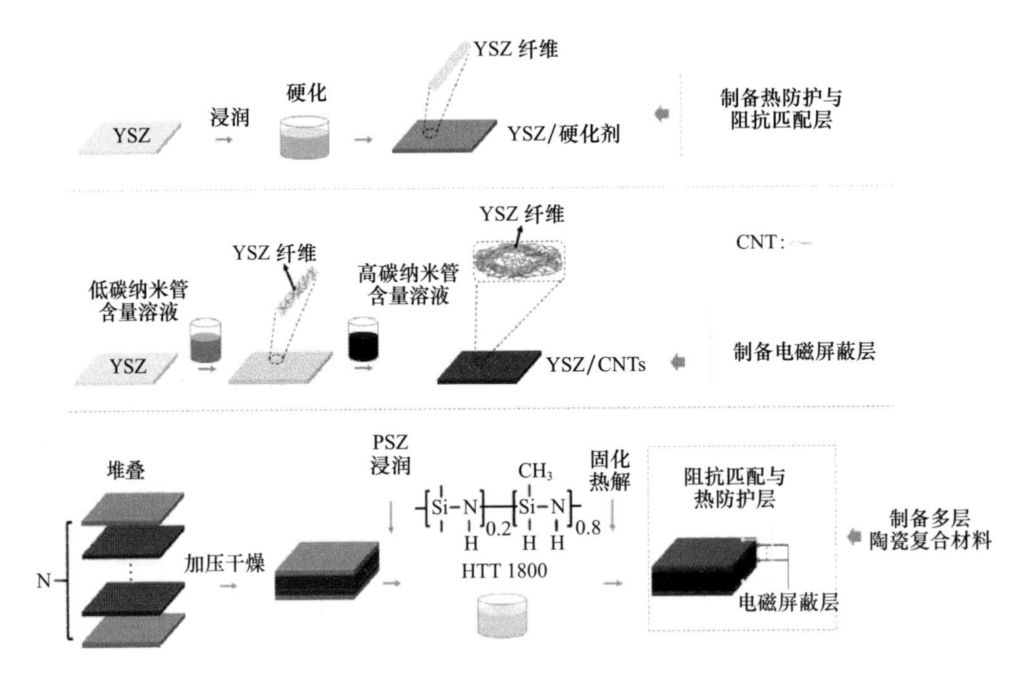

图 1　多功能陶瓷复合材料制备过程

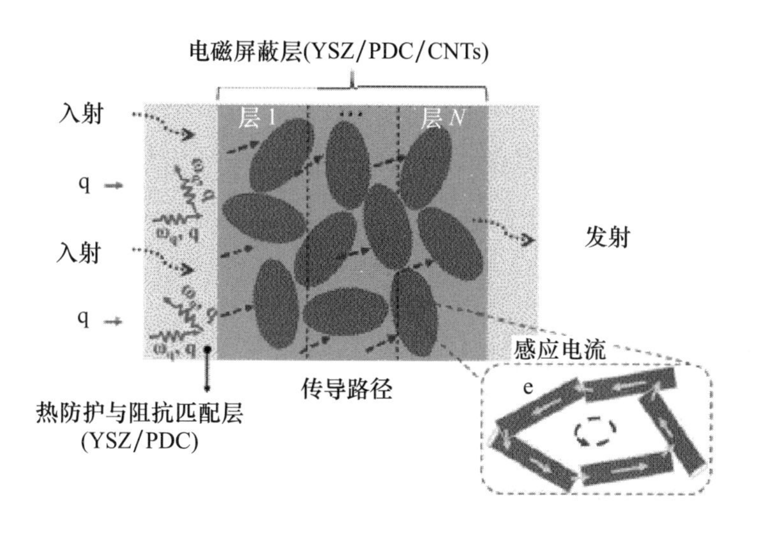

图2　多功能陶瓷复合材料热防护和电磁屏蔽机理示意图

试验结果表明：共固化后多功能陶瓷复合材料与碳纤维增加聚合物的界面黏结强度达到3.1±0.1兆帕，是普通商用环氧树脂黏结剂与碳纤维增强聚合物界面黏结强度的两倍，这是由于多功能陶瓷复合材料表面不平整，共固化过程中预浸料中多余的环氧树脂填充其与碳纤维增强聚合物的表面空隙，两者之间通过互锁机制结合；多功能陶瓷复合材料的热导率比碳纤维增强聚合物低22.5%，表现出良好的低温和高温热防护性能，防护效果与碳纳米管含量和试样厚度有关。环境温度为300℃时，采用单层氧化钇稳定氧化锆涂覆碳纳米管层的多层陶瓷材料试样（厚1.1毫米）可使碳纤维增强聚合物表面温度降低132.2℃；环境温度为700℃左右时，采用6层氧化钇稳定氧化锆涂覆碳纳米管层的试样（厚2.4毫米）可使碳纤维增强聚合物的表面温度降低280.7℃，而传统隐身飞机用聚合物吸波材料通常在250℃分解。多功能陶瓷复合材料还具有优异的电磁屏蔽效能，单位厚度电磁屏蔽效能可达到21.45分贝/毫米（比碳纤维增强聚合物高27.15%），电磁波能量吸收率最高超过90%（传统隐身飞机聚合物吸波材料仅为70%～80%），有效频段覆盖Ka波段（26.5～40吉赫）。多功能陶瓷复合材料的平均密度为2.28克/厘米³，与碳纤维增强聚合物黏结后的混合复合材料结构密度为2.02克/厘米³，稍高于碳纤维增强聚合物机身结构（1.3～1.6克/厘米³）。

近期，美国空军科学研究办公室也开始资助该项研究，将制备和测试更大尺寸的试样，后续计划与波音、洛克希德·马丁、雷声、诺斯罗普·格鲁曼等公司合作扩大生产规模并用于下一代隐身飞机研制。

三、影响意义

这种多层复合陶瓷材料克服了传统飞机蒙皮用聚合物吸波材料热防护和电磁屏蔽难以同时兼顾、使用温度有限、与碳纤维增强聚合物结构黏结强度不足等问题，将促进新型碳纤维增强聚合物结构防护系统的开发，在潜艇、航母、弹道导弹等领域有广泛的应用前景。

（中国船舶集团第七一四研究所　方楠）

美国推进发动机用高温铝铈合金的开发测试

近年来，美国橡树岭国家实验室等机构开发出新型铝铈合金，并研制出采用铝铈合金汽缸盖的发动机样机。2021 年，橡树岭国家实验室开创性地利用中子技术动态测试发动机用铝铈合金汽缸盖，研究了新型铝铈合金部件在发动机运转时的性能。该技术可实时获取高温高压下合金的原子结构信息和力学性能参数，为发动机设计提供现场验证数据。美国国防部对该研究成果高度关注，美国能源部“先进内燃机系统”项目和关键材料研究所对其提供了支持。新型铝铈合金技术有望提高发动机的燃油效率、促进战略性稀土材料的高价值开发，加速推进发动机技术突破。

一、发动机用高温铝铈合金性能特点

高温铝铈合金（Al－12Ce－X）是美国橡树岭国家实验室与艾克工业公司、劳伦斯·利弗莫尔国家实验室、艾姆斯国家实验室三家单位联合，于 2016 年开发的一种新型超强合金，含铈质量百分比为 12%。该材料内部可形成熔点 1093℃以上的金属间化合物，特别适合内燃机应用。

高温铝铈合金的性能特点主要有四个方面：

（1）热稳定性优于传统发动机热部件材料，在500℃高温下保持稳定，传统铝合金在该温度下无法稳定使用。

（2）材料的热稳定性可消除传统铝合金所需的热处理工艺过程。

（3）高温铝铈合金热部件比铸铁等热部件重量轻。

（4）易于加工，比多数高性能合金可铸造性好。

二、发动机用高温铝铈合金发展现状

美国艾克工业公司已获得高温铝铈合金技术的独家许可，负责该材料的快速开发和推广应用。美国还基于中子衍射技术开发出发动机材料工况测试新方法，并将其用于评估发动机运行时铝铈合金汽缸盖的性能，以加速发动机技术突破。

（一）推进高温铝铈合金的应用

美国艾克工业公司2017年获得新型铝铈合金专利技术的独家授权，并一直推动该合金的商业化和国防应用。2019年3月，美国能源部把铝铈合金的商业化列为“创新性技术从能源部国家实验室推向市场”的成功案例。艾克工业公司认为，铝铈合金性能优异，在车辆、航空航天、发电等行业拥有巨大潜力，而且铸造过程无需额外热处理和保护气氛，与传统合金铸造工艺相比可节省50%～60%的成本。这将为稀土开采业带来良好经济效益和诱人前景，提振美国制造业竞争力，并促进美国国防和能源工业发展。

（二）开创性地利用中子技术评估铝铈合金汽缸盖性能

工业界和学术界十分关注发动机内的湍流燃烧与固体部件传热之间的关系，了解部件在极端热机循环下的表现对提高发动机材料的可靠性至关重要。这需要在真实发动机工况下的现场原位表征数据。但传统的原位测量方法能力有限，而非现场原位测量又缺乏能够复现极端动态条件的实用化手段。

2017 年，橡树岭国家实验室等 4 家国家实验室与艾克工业公司合作，开创性地利用中子衍射技术评估发动机运行时铝铈合金汽缸盖的性能。中子能以无损方式穿透材料，揭示材料原子结构的重要信息，使研究人员能够实时观测材料在动态工况下的表现，及时发现材料在高温和极端应力下的微小缺陷。研究团队通过实验成功验证了中子衍射方法无损分析新材料的有效性，也促成橡树岭国家实验室专门设计出一个用于实验研究的发动机平台（图 1）。该发动机平台可适应中子衍射评估中的中子束运转环境，使用基于氟碳化合物的冷却剂和机油，提升燃烧室的能见度。2020 年，该发动机由美国西南研究院进行最终开发，2021 年投入使用。

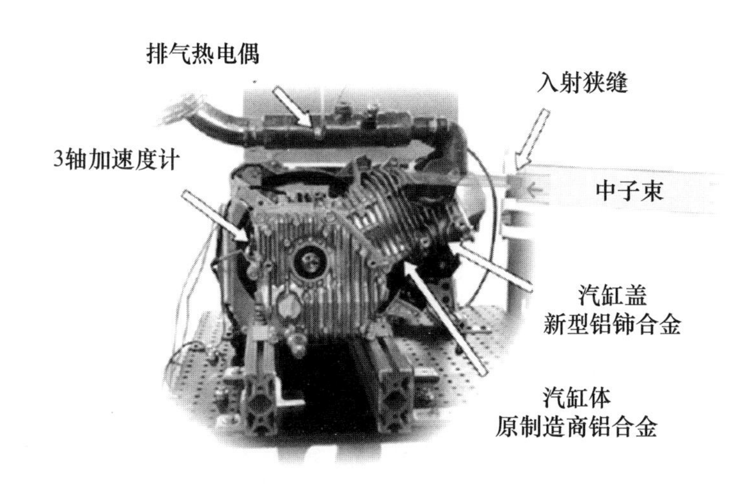

图 1　安装在中子衍射仪上的发动机平台

（三）广泛融合美国基础科学与工程研发能力促进技术突破

在工况下全面测量发动机材料的应变和温度、获取原子水平的结构信息，此前不可能实现。橡树岭国家实验室等机构开发、应用和测试铝铈合金，汇聚了学术界、工业界和国家实验室等多方优势资源，把美国的基础科学能力和真正工程应用充分结合，取得重大工程研制成果。

该项研究的资金主要来自能源部能源效率与可再生能源办公室、科学办公室。参研单位方面，橡树岭国家实验室与劳伦斯·利弗莫尔国家实验室、艾姆斯国家实验室、爱达荷国家实验室等能源部所属著名国家实验室强强联合，发挥材料和能源科学技术专长；同时与老牌制造企业艾克工业公司合作，加速新技术商业化。此外，美国“制造演示设施”和国家交通运输研究中心协助完成了铝铈合金汽缸盖的制造。中子测试方面，研究团队使用了美国“散裂中子源”的“伏尔甘”中子衍射仪。“散裂中子源”是美国耗资超 14 亿美元建设的大型科学装置，“伏尔甘”中子衍射仪专门用于复杂环境下的材料变形、相变、残余应力、织构和微结构研究。建模仿真方面，由中子发动机平台得到的数据将作为高性能计算模型的验证或边界条件，用于美国最快、最智能的“尖峰”超级计算机，助力车辆研发人员研制更高效节能的发动机。

三、影响意义

在发动机中应用新型铝铈合金可提高发动机燃油效率，促进战略稀土材料的开发，具有重要战略意义。

（1）提高发动机燃油效率。新型铝铈合金能耐受燃料更充分燃烧产生的高温，直接提高发动机燃油效率。新型铝铈合金还可取代铸铁制成汽缸体、变速箱、汽缸盖、涡轮增压器外壳等部件，减轻发动机重量，间接提高发动机燃油效率。特别是重型柴油机的最重部件是铸铁汽缸盖和汽缸体，使用新型铝铈合金将显著提高燃油效率。尽管已在国防领域应用的铝钪合金也有重量轻、高温力学性能稳定等优点，但铝铈合金更具成本效益。

（2）促进战略稀土材料的高价值开发。稀土矿含铈、钕、钐等轻稀土元素和镝、铽等重稀土元素，轻稀土储量远高于重稀土，而美国铈的大规模高价值开发能力不足。美国最常见的稀土矿中铈含量是钕的3倍，是镝的500倍。铝铈合金的成功研制和应用将激活美国过量的稀土铈的市场价值，促进稀土元素的高效开发利用，降低美国永磁体稀土元素的使用成本，具有重要战略意义。

（3）加速先进发动机技术突破。未来，研究人员可利用中子衍射技术实时获取发动机材料测试数据，对金属部件在整个热机循环过程中的温度变化产生新认识，准确预测热损失、火焰淬熄和喷入汽缸的燃料蒸发现象，改进发动机设计的高保真计算模型，加速先进发动机技术突破。

（中国兵器工业集团第二一〇研究所　王勇　李静）

美军积极发展复合材料弹壳枪弹

2021 年 5 月，美国海军陆战队完成 12.7 毫米复合材料弹壳枪弹的实验室环境性能验证，准备进入战场试验阶段。若枪弹性能满足要求，海军陆战队将采用 12.7 毫米复合材料弹壳枪弹替代现有黄铜弹壳枪弹。此外，美国陆军和海军也在开展不同口径复合材料弹壳枪弹的研制和试验。这些情况表明，美军正试图使用复合材料弹壳枪弹替代传统金属弹壳枪弹，满足陆军武器减重的关键需求，促进轻武器弹药现代化发展。

一、发展背景

减重是步兵装备发展的迫切需求。现代步兵需配备枪械、防弹衣、单兵电台等装备，这些装备的总质量可达 45 千克，过多的负重导致士兵执行作战任务时容易疲劳、能力下降。弹药在士兵装备中占很大比重，每箱（200 发）12.7 毫米枪弹重达 27 千克。美国陆军和海军陆战队在伊拉克和阿富汗战争期间采取了多种措施，减轻步兵武器和装备重量，但始终未能解决弹药减重难题。在金属弹壳枪弹中，弹壳重量约占全弹重量的 50%，因其结构很难优化，几乎没有减重的空间，因此使用复合材料弹壳是实现弹药减重的关键。

二、复合材料弹壳枪弹的优势

复合材料弹壳枪弹在枪弹全寿命周期生产、使用、后勤保障和回收等阶段都具有独特的优势。

（一）相比黄铜弹壳，减重达25%以上，可有效减轻后勤负担

与传统枪弹的黄铜弹壳不同，复合材料弹壳采用复合材料或塑料制备，能使枪弹减重25%～40%。例如，美国真速公司采用纤维素、尼龙、聚氨酯预聚物等材料制备出复合材料弹壳、壳肩和壳颈，可减重30%以上；MAC公司采用塑料和黄铜相结合的弹壳，减重25%。减轻弹药重量可以减少后勤运输使用的车辆、舰船、飞机的数量或运输次数，大幅降低运输费用，缩短运输时间，降低后勤保障成本，还能提升士兵的作战优势。例如，一名普通步兵常规携带的装备中弹药有210发，改用复合材料弹壳枪弹后，步兵能携带的弹药数量可增加90发，或在保持弹药携带量不变的情况下增加水、电池等其他资源的携带量，这有利于士兵扩展行动范围、延长任务时间。此外，复合材料弹壳枪弹还具有更高的精度和更好的弹道效能。

（二）减少铜和钢等金属用量，大幅降低弹药生产成本

相比金属弹壳，复合材料弹壳的制备工艺和原材料成本明显降低。铜、钢、铝等金属材料弹壳的制备和成型工艺较为复杂，需使用锻造、轧制、淬火等复杂深加工工艺；而复合材料弹壳制备工艺简单，只需按配比填充不同材料，一次加工成型即可。12.7毫米金属弹壳的制造成本要比复合材料弹壳的制造成本高30%～50%。此外，复合材料的原材料成本也明显低于金属材料。

（三）减少枪膛和枪管内热量累积，延长枪管使用寿命和持续射击时间

对于黄铜弹壳枪弹，在步枪开火时，枪弹上的热量和压力会传递给枪膛和枪管，使枪膛内形成高温高压，加速枪管磨损，缩短枪管使用寿命。复合材料弹壳枪弹射击时，由于复合材料的导热性差，枪弹上的热量不容易传递给枪膛和枪管，可减少快速射击过程中枪管上和枪膛内的热量累积，减缓枪管磨损和烧蚀，延长使用寿命。如M113速射机枪快速发射1500发黄铜弹壳枪弹后，就会因枪管内热量过高导致枪弹烤燃（温度过高足以点燃枪弹内的发射药），自发开火，而相同条件下发射复合材料弹壳枪弹则能达到2200发。

（四）弹壳可回收再利用，环保性好

复合材料弹壳可回收利用，训练用弹在弹壳上内嵌一个铁环，即可使用磁铁快速回收弹壳。此外，铜和黄铜弹壳在生产过程中使用了砷、氰化物等有害物质，这些有害物质在射击过程中（尤其是长时间射击，如训练）会因高温而散发出来，影响射手健康。复合材料弹壳不存在这一问题。

三、美军各军种全面发展复合材料弹壳枪弹

美国陆军、海军陆战队和海军都在研制和试验复合材料弹壳枪弹，陆军侧重发展6.8毫米和7.62毫米枪弹，海军侧重发展12.7毫米枪弹，目的是替代现有某些型号的黄铜弹壳枪弹。

（一）美军依托工业企业克服复合材料弹壳技术难题

美国早期设计的轻型塑料弹壳枪弹未能满足军事标准，但反映出的问

题为后续的研制提供了方向。2004 年，美国陆军启动“轻型轻武器技术”项目，目的是大幅减轻轻武器及其弹药重量。达信系统公司作为该项目的主承包商开发出 5.56 毫米和 7.62 毫米聚合物弹壳埋头弹样机并进行了测试，作为下一代班组武器的备选弹药。美国真速公司、MAC 公司也受国防需求驱动，开展了复合材料弹壳研制工作，先后突破复合材料弹壳耐高温和抗烧蚀等技术难题。

如在耐高温方面，美国主要通过在塑料中嵌入陶瓷来制备能够耐受 300℃以上（持续射击的枪管温度可达 500℃）高温的弹壳材料。在抗烧蚀方面，要求复合材料弹壳在高温环境下化学稳定性好（如不与发射药气体发生化学反应）、延展性强。真速公司开发出复合材料弹壳专利技术，利用该技术制造的复合材料弹壳在枪管内苛刻的工作环境下具有卓越的断裂延伸率，在 413.7 兆帕的内弹道压力下不发生变形。这种复合材料弹壳由重量百分含量为 30%～70% 的增强材料增强的聚苯砜制成，增强材料可以是玻璃纤维、陶瓷纤维、碳纤维或碳纳米管中的一种或多种。

（二）陆军大规模试用 6.8 毫米复合材料弹壳枪弹

2019 年 9 月，美国陆军选中真速公司的 6.8 毫米复合材料弹壳枪弹参与下一代班组武器项目。2020 年 8 月，陆军已累计接收该公司交付的超过 17 万发复合材料弹壳枪弹，用于在下一代班组武器项目中测试通用动力武器与战术系统公司的 RM277 步枪。2021 年 1 月，陆军又从该公司接收超过 62.5 万发 6.8 毫米复合材料弹壳枪弹（图 1），用于下一代班组武器项目开展各种试验，旨在替代现有的标准 5.56 毫米 ×45 毫米弹药。此外，陆军还在探索利用复合材料弹壳替代现有 7.62 毫米枪弹的黄铜弹壳。

图1　6.8 毫米复合材料弹壳枪弹

（三）海军陆战队采购 12.7 毫米复合材料弹壳枪弹进行用户试验

2018 年，海军陆战队提出需求，要求使轻武器弹药减重 1/3，包括用聚合物替代黄铜作为弹壳材料，用尼龙连杆替代连接弹壳的金属连杆。2020 年 1 月，海军陆战队与 MAC 公司签订价值 1000 万美元的合同，订购 240 万发 12.7 毫米复合材料弹壳枪弹（图 2）用于试验，为 M2 机枪寻找合适的轻质弹药。2021 年 5 月，海军陆战队完成复合材料弹壳枪弹的实验室环境性能验证。未来，海军陆战队第一远征军和第二远征军将在静态和机动环境中测试该弹药，预计持续到 2022 年。此外，美国海军也将与海军陆战队合作，推进轻型弹壳和连接件的研制。

图 2　12.7 毫米复合材料弹壳枪弹

四、初步认识

复合材料弹壳枪弹技术发展正处在试验验证阶段，未来有望大规模替代传统金属弹壳枪弹，提高部队在未来战场上的作战优势。

（一）提高士兵作战效能

复合材料弹壳枪弹能够在以下 3 个方面提升士兵的作战效能：

（1）复合材料弹壳重量更轻，使士兵在战场上能够携带更多弹药，作战更持久。

（2）轻质复合材料弹壳能够提升枪弹精度和初速，使枪弹杀伤力更高。

（3）复合材料弹壳具有低导热性，可降低枪管内温度，使速射武器不易发生炸膛等现象，杀伤力更高。

（二）增强部队远征作战能力

复合材料弹壳枪弹在增强部队远征作战能力方面具有很大潜力。首先，复合材料弹壳枪弹重量更轻，可降低远征作战的后勤保障负担。其次，复合材料弹壳生产设备简单，能实现远程制造。如真速公司的生产设备可通过现有的运输方式运输，且操作所需人员较少，不同口径弹药之间的生产线转化仅需8小时，设备占地面积小，产量大（一个生产单元占地约230米^2，年生产量达3000万发）。

（三）促进轻武器弹药现代化

当前，美军通过现有设施改造而非新建设施来实现轻武器弹药现代化。但这种方案存在不足，尤其是复合材料弹壳枪弹的生产技术含量高、设施差异大，很难通过对现有设施的改造来实现。复合材料弹壳枪弹在后勤、作战、成本等方面优势十分突出，利用承包商运营的模式来生产复合材料弹壳枪弹，可为美军轻武器弹药现代化提供新的解决方案。

（中国兵器工业集团第二一〇研究所　胡阳旭　李静）

氮化镓半导体技术发展与应用分析

2021 年 4 月，美国海军陆战队的 F/A－18C“大黄蜂”战斗机上换装了美国雷声公司研制的采用氮化镓半导体材料的 AN/APG－79（V）4 有源相控阵雷达（图 1），是氮化镓在机载火控雷达中的首次应用。该雷达与 F/A－18E/F 配装的 AN/APG－79 有 90% 以上的通用性。目前美国海军陆战队已采购 25 部 AN/APG－79（V）4，计划共采购 112 部，其中 98 部装机，分配给 7 个飞行中队，每个中队的 12 架飞机全部换装；14 部备用。按计划，雷声公司将在 2021 年 12 月前正式向美国海军陆战队交付 AN/APG－79（V）4 有源相控阵雷达，用以升级改造其机队。

图 1　AN－APG－79V4 雷达

一、概述

氮化镓（GaN）是由镓元素和氮元素组成的六方结构化合物半导体材料（图2），属于第三代半导体材料。第一代半导体是以锗和硅为代表的"元素半导体"，主要应用于低压、低频、中功率晶体管以及光电探测器中，在计算机、消费电子、通信、航空航天、国防军工、光伏等领域广泛应用。但受限于硅的自身性能，硅基半导体难以在高温、高频、高压等环境中使用，并且其禁带宽度、电子迁移率较低，成为半导体技术发展瓶颈，由此催生了第二代、第三代半导体的发展。第二代半导体以砷化镓、磷化铟为代表，具备更宽的禁带宽度和更高的电子迁移率，可满足高频传输、光学领域的需求，广泛应用于卫星通信、移动通信、光纤通信、无线区域网络、卫星定位、国防军工、航空航天等领域。随着硅半导体技术已接近物理极限，很难进一步实现电子器件性能提升、体积减小；同时，现代工业对高功率、高电压、高频率电子器件的需求陡增，对半导体材料的禁带宽度、击穿电场强度、电子饱和速率、热导率等关键参数提出了更加严苛的要求，因此，发展以氮化镓为代表的第三代半导体技术势在必行。

氮化镓具有超宽的带隙（3.4 电子伏），能够承受的电场强度是硅（带隙为1.1 电子伏）的 10 倍，并能够开发出具有非常窄的耗尽区的晶体管，实现超高载流子密度，具备高击穿电场、高热导率、高电子饱和速率及抗强辐射能力等优异性能。例如，当前工作电压为650 伏的横向氮化镓晶体管击穿电压可达 800 伏，漏极漂移区为 40 ~ 80 伏/微米，远大于硅的理论极限（约为20 伏/微米），但远低于其 300 伏/微米的理论极限，具有极大的性能提升空间。氮化镓器件凭借超小的尺寸和更短的电流路径，能够实现超低电阻和电容，从而可将开关速度提高 100 倍。

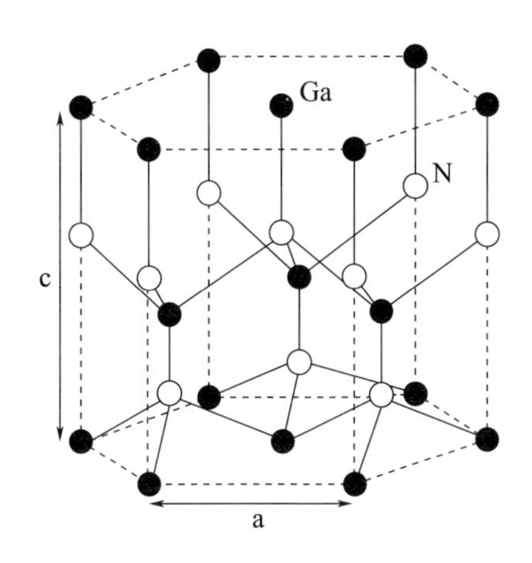

图 2　氮化镓晶体结构图

氮化镓技术非常适合于制作高温、高频、抗辐射及大功率电子器件，是固态光源和电力电子、微波射频器件的“核芯”，在多个领域展现出巨大优势。在通信方面，氮化镓器件可在 1 ~ 110 吉赫范围的高频波段应用，覆盖了移动通信、无线网络、点到点和点到多点微波通信、雷达应用等波段，非常适合军事通信、电子干扰、通信基站、射频与功率器件等领域；光电方面，氮化镓是迄今理论上电光、光电转换效率最高的材料体系，适合电力电子、LED 照明、激光等领域，可实现超快速充电；在节能减排方面，氮化镓功率晶体管每年可为大型数据中心运营商减少超过 1 亿美元的能源成本，并减少近 100 万吨的二氧化碳排放量；在高功率开关方面，新问世的 650 伏、60 安汽车级氮化镓晶体管可满足当今汽车应用对高功率、低损耗和高可靠性性能的要求。除此之外，氮化镓材料及相关器件还可用于高功率射频电子以及光电子、量子计算机、无线电应用、交通执法摄像机、空中交通管制系统以及空间和军事应用等领域。

氮化镓技术能以较小的体积提供更大的频率带宽、更高的效率和传输功率，能为国防关键应用提供更强大的系统能力，满足了武器装备对低成本、高性能放大器技术的需求，成为当前最重要的半导体技术之一，也受到世界各国的重视。氮化镓是一种先进的半导体材料，美国国家航空航天局2018年宣布，它正在研究可在某些空间应用中使用的氮化镓晶体；欧洲航天局一直在研究用氮化镓来替代硅，因为它具有抗太空辐射的能力；日本芯片公司瑞萨计划将氮化镓功率转换IC用于卫星；德州仪器正在研究如何使氮化镓更高效、更易于使用。

二、氮化镓材料技术发展及挑战

目前，氮化镓半导体主要采用氢化物气相外延方法制备，但仍缺乏高结构质量、取向性不可控制。氨热法和钠通量法是正在探索的两种最有前途的块状氮化镓晶体生长技术，并进一步实现大面积、任意取向、低成本的高结构质量氮化镓衬底。除此之外，各国研究机构均在理论、工艺等方面研究更好的氮化镓晶体生长技术。

在理论研究方面，氨热法生长氮化镓晶体技术的物理过程一直未研究明确。2021年2月，德国斯图加特大学、弗劳恩霍夫综合系统与设备技术研究所、埃尔兰根-纽伦堡大学提出了3D热和传输模型以及第一个化学模型，并在此基础上提出了氮化镓氨基晶体生长的另一种图景。该图景不仅明确了晶体生长所需的压力和温度，而且还表明了一个潜在的新生长过程，有利于优化氨热法生长氮化镓晶体工艺。在工艺研究方面，2021年2月，美国康奈尔大学使用新型镓蒸气传输技术和氮化镓粉末通过气相外延工艺生长厚氮化镓层。使用这种技术，生长速率高达500微米/小时。此外，

2021 年 1 月，美国 MACOM 公司已与美国空军签订合作研发氮化镓 - 碳化硅（GaN - on - SiC）技术协议，将空军的 0.14 微米 GaN - on - SiC 工艺转移到 MACOM 进行生产。美国空军研究实验室 GaN - on - SiC 工艺适用于单片微波集成电路（MMIC），能够实现行业领先的频率和功率密度。MACOM 将在其晶圆制造设施基础上，采用空军的半导体工艺，扩展其标准和定制高性能 MMIC 产品供应，用于卫星通信系统，以及陆基、空基和海基雷达系统等。在器件研制方面，2021 年 5 月，美国弗吉尼亚理工学院与中国恩克里斯半导体公司联合制造了多通道肖特基势垒二极管，该二极管采用 p - 氮化镓还原表面场结构，旨在降低峰值电场，多通道结构降低了导通电阻，最终实现高达 10 千伏的击穿电压。

氮化镓技术虽然已经实现了快速发展，但在成本、设计、可靠性等方面的问题有待解决，具体表现为：

（1）成本方面，虽然理论上氮化镓技术具有显著的成本优势，和更短的生产周期，但现实中氮化镓器件的基板和加工成本通常高于同类型的硅半导体器件。

（2）设计方面，作为宽带隙材料，氮化镓器件需要新的设计技术（例如栅极驱动电路设计、封装设计、寄生元件设计等），不仅增加了前期设计成本，还由于新器件的模型表征工具发展水平不同，成为器件设计开发的重要限制因素。

（3）可靠性方面，虽然氮化镓器件比硅器件具有更高的耐热温度，但在系统应用时周围的组件或封装的耐热温度无法全部达到同样水平，致使氮化镓器件的优势无法发挥；此外，随着器件速度的提高，系统级应用时不仅需要更快的栅极驱动电路，还需要自适应电路，才能实现最佳性能。

（4）封装与集成方面，氮化镓器件固有的属性会导致高频瞬变，需要采用不同于硅器件的封装和集成布局，以避免过度振荡和EMI效应，才能更好地提高系统可靠性及散热率等。

三、军事应用及影响意义

近年来，氮化镓半导体技术日渐成熟，在军事领域展现出巨大的性能优势和应用潜力。

（一）氮化镓在小型无人机领域的应用

随着无人机技术的快速发展，武器化无人机群对作战人员及装备的威胁不断升级。特别地，随着小型无人机的速度越来越快、极端天气适应能力越来越强、续航时间更长，连通性和飞行时间也得到了极大的改善，致使未来无人机群更加复杂，需要快速地探测机群的速度和距离。各国都在积极寻求高效的自动化反无人机技术。其中，最有效的方法是高功率微波技术，这是一种定向能技术，具有足够大的探测范围。2020年，美国Epirus公司制造了软件定义的大功率微波系统（图3），利用电磁脉冲创造了一个力场，能够干扰敌方电子设备、车辆和军需品。该微波系统是一种固态直接能微波，使用了氮化镓替代真空管，能够在低温高压下工作，省却了大量的冷却组件，在实现高功率密度的同时减小了体积和重量。

2021年5月，雷声公司已经开发了Phaser高功率微波和高能激光对抗无人机解决方案，以应对小型无人机的威胁。Phaser高功率微波系统利用定向能量击落无人机（单个无人机或集群），通过将宽的弧线能量束聚焦在无人机上。激光束发出短而高功率的电磁能量爆发，摧毁无人机的电子设备，同时将它们从空中扔下。

图 3　Epirus 公司的软件定义的大功率微波系统

（二）氮化镓技术在军用通信领域的应用

随着当今卫星和轨道通信网络数量的增加，保持信号强度和完整性以确保可靠的高性能通信至关重要。当前，卫星、航天器和通信系统也正在利用氮化镓射频组件替代传统的砷化镓器件，实现性能提升。因为氮化镓半导体器件提供更高的功率密度和更高的工作电压，可对整个系统的尺寸、重量、功率和成本产生积极影响。例如，在火星成功登陆的 Qorvo 公司火星恒心漫游车系统使用了氮化镓半导体器件及其组件。氮化镓功率放大器也凭借更高的可靠性被用于空间领域代替传统行波管。

国防雷达通常在更高的射频功率下工作，并需要具备很宽的工作频率范围。在单个多芯片模块中结合氮化镓和砷化镓，使其非常适合需要减小尺寸、重量和功率的国防应用，推动着军事电子战和雷达系统的创新。2020 年 3 月，美国 Qorvo 公司发布了最高性能宽带（2 ~ 20 吉赫）氮化镓功率放大器，以及电子可重构双频段（S – X 频段）功率放大器。这项新技术能够在2～20吉赫的频率范围提供业界领先的10瓦射频功率、13分贝大信号增益和20%～35%的功率附加效率，具备提高系统性能和可靠性所需的灵活性，同时减少了元件数量、占用空间和成本，将彻底改变未来雷达和电子战系统的设计方式。2021年8月，美国Qorvo公司推出用于S波段雷达的125瓦氮化镓功率放大器模块。该模块具有30分贝的高增益和62%的功率附加效率，体积比相同产品小70%，可显著降低整体系统功耗。

四、总结与认识

氮化镓材料是一种极具战略价值的新一代半导体材料，在战斗机雷达上的应用蓄势待发，是当前5G电子设备和大型搜索雷达的首选半导体，正处于过渡到战斗机火控雷达应用的潮头，有望使战斗机火控雷达实现自20世纪90年代末采用有源相控阵技术以来最大的一次性能飞跃。

未来，氮化镓半导体技术的发展重点是：

（1）开发新的设计技术，推动简化的设计和制造技术。

（2）利用氮化镓器件超高的开关速度，减少基于氮化镓的集成电路中无源器件的数量，减小封装尺寸。

（3）开发更为紧凑的封装，简化冷却系统，有效地管理和控制系统散热，实现更紧凑、更轻的电力电子模块，并确保高效和安全运行，最终在系统级降低氮化镓半导体技术的应用成本。

（中国电子技术标准化研究院　张慧）

相变材料及其应用发展研究

2021 年 9 月，美国斯坦福大学利用碲化锑（Sb_2Te_3，4 纳米）和锗碲（GeTe）薄膜（1 纳米）交替沉积研制出新型超晶格相变材料，并进一步开发出柔性相变存储器（PCM）。由于器件采用的孔隙几何结构中存在大量界面和横向焦耳热约束、超晶格材料具有高电阻率、柔性聚酰亚胺衬底可实现热隔离，最终该柔性相变存储器的开关电流密度仅为 0.1 毫安/厘米^2，比常规相变存储器低一到两个数量级。此外，器件还显示具有低电阻漂移的多电平性，在重复弯曲和循环之前、期间和之后仍保持低开关电流和良好的电阻开/关比，为柔性电子器件的低功耗存储器铺平了道路，也为传统硅衬底上柔性相变存储器的优化提供了新的路径。

一、概述

相变材料是随着信息存储技术发展起来的。当前的主要存储技术是通过金属氧化物硅电容结构上的电荷保持来实现数据存储。但随着硅器件向（亚）10 纳米尺寸缩放，微型电容器会出现电荷泄漏，且存储密度难以进一步提升。而大数据、超快计算等技术需要超高密度和快速访问的内存，这种存储器之间的运行速度和带宽不匹配，从根本上限制了计算速度和效率。因此，涌现出多种新的信息存储概念，包括利用磁取向方向进行存储的磁性随机存储器、利用铁电材料的电极化进行存储的铁电随机存储器、利用电阻存储的电阻随机存储器。

相变随机存储器（PCRAM）是采用相变材料的电阻随机存储器，具有良好的可扩展性、快速的运行速度和多级存储能力。相变材料是指能够产生 Ovshinsky 电子效应的材料，即材料可实现在非晶态与晶态之间的可逆变化，且相变前后材料的微观结构存在明显差异，进而导致电学性能上的显著区别。相变随机存储器的工作原理（图 1）是：对晶态相变材料施加强且短的电脉冲，相变材料快速熔化并淬火至非晶态，实现擦除操作；对非晶相变材料施加中等强度且长的电脉冲，相变材料转变为晶态，实现写入操作；非晶态和晶态间巨大的电阻率差异保证了数据读取。除完全非晶态和晶态外，依靠迭代激励调控相变材料非晶态和晶态占比，可实现多个中间态，在开发高密度多级信息存储和神经形态计算中展现出巨大潜力。

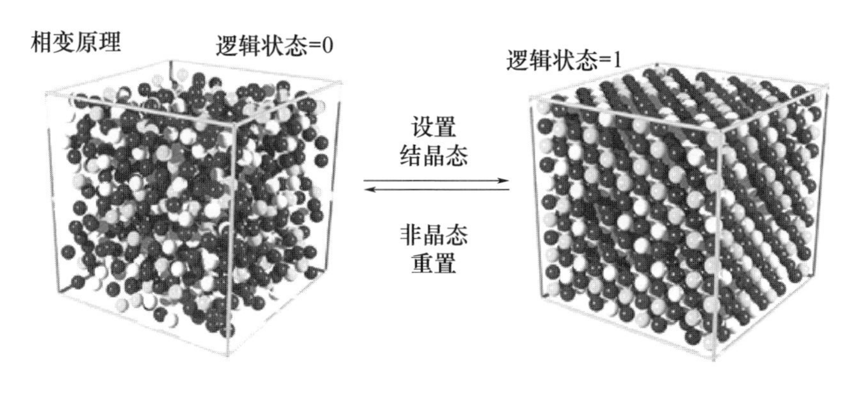

图 1　相变材料结构及相变原理

首个相变材料于 1960 年合成，硫族化物锗硅砷碲（$Ge_{10}Si_{12}As_{30}Te_{48}$），具有显著的可逆电阻开关特性，但由于结晶速率缓慢、晶向循环有限阻碍了其应用。20 世纪 80 年代，锗碲（GeTe）、锗锑碲化合物（包括 $Ge_2Sb_2Te_5$、$Ge_1Sb_2Te_4$和 $Ge_8Sb_2Te_{11}$GeSbTe 等）被证实是良好的相变材料，具有较快的结晶速率和良好的光学对比度，进而产生可擦写光存储产品，包括可擦写光盘、数字多功能光盘和蓝光光盘，相变随机存储器开始流行。当前，相变存储材料多为硫系化合物，即最少含有一种硫系（第 VI 主族）元素的合金材料，主要包括锗－锑－碲、锑－碲和锗－碲这三种体系。其中，锑－碲是研究较多、发展快速的相变存储材料，其中三碲化锑（Sb_2Te_3）性能良好、熔点较低、具有相对较快的结晶速度，但存在结晶温度低、热稳定性差。锗－碲体系合金是较早运用于相变随机存储器中的材料之一，且仍极具潜力，拥有较高的结晶温度，可满足某些高温工作环境的需要，但锗－碲材料也存在高熔点和低晶态电阻的缺点，使得器件功耗相对较高。锗－锑－碲是研究最为成熟的相变存储材料体系，主要包括 $Ge_2Sb_2Te_5$（以下简称 GST）、$Ge_1Sb_4Te_7$、$Ge_1Sb_2Te_4$等，其中 GST 是一种典型的伪二元相变材料，兼具锗碲 GeTe 优良的热稳定性和三碲化二锑结晶速度快的优点，具有较为突出的整体性能。

二、相变材料的研究情况

当前，相变材料及相变存储器的研究重点主要分为两个方面：一是提升材料性能、实现更高密度存储；二是探索相变存储器在神经形态计算系统中的应用。

（一）材料及器件性能改善研究情况

在过去的20年中，相变存储器已成为能够提高电子设备计算效率的成熟技术，锗－锑－碲也实现了量产。但非晶相变材料存在由自发结构弛豫引起的体系电阻持续增大现象，即电阻漂移。传统的相变存储器也因为较低的写入速度（约50纳秒）、较差的数据存储稳定性（约85℃、10年）、高电阻漂移和高复位能量，而无法用作主存储器。

元素掺杂是提高相变材料电阻率和结晶温度，进而降低相变随机存储器器件擦除电流，提高写入速度的有效手段。目前，C、N、O、Cu元素均已被研究作为掺杂剂掺入GST和锗碲（GeTe）中。掺入了掺杂剂后，相变随机存储器器件的数据保持温度提高，保持在119～183℃的范围内。2018年，C元素掺杂GST的相变存储器采用40纳米节点工艺制程被成功研制，具有$>10^2$的电阻比、20纳秒的高结晶速度、128℃的保持温度和约10^8次循环的高耐久性。2018年，美国应用材料公司使用Sc作为掺杂剂掺入GST，最终实现热稳定性高达119℃，以此制备的相变随机存储器在2.5伏下的写入速度为6纳秒，耐久性为5×10^5次循环，不同厚度（190纳米、80纳米）底部接触电极的擦除能量分别为3.37纳焦耳、0.96纳焦耳。

除了利用掺杂剂改善相变材料性能外，优化相变随机存储器设计也是提高器件效率的有效方法。由于底部接触电极面积和擦除电流存在线性关系，因此最小化接触尺寸是当前器件结构研究的一个热点，其中受限结构的相变随机存储器可以最小化相变材料层和底部电极之间的有效接触面积，使擦除电流显著降低到几微安。首个受限结构相变随机存储器采用化学气相沉积工艺，将底部接触电极的面积75纳米缩小到40纳米。正由于需要具有更小的电极面积的器件，原子层沉积技术是制造高密度相变随机存储器的最有前途的方法。2020年3月，韩国首尔国立大学通过原子层沉积工艺获得可在 70～160°C 的温度下高度保形的锗硒（GeSe）薄膜，最终制备出的相变随机存储器具有 1.2 伏的低阈值电压，实现了超过 10^6 的循环耐久性。

提高相变随机存储器的电流密度会导致电路中金属连接线的容差问题，而金属表面活性剂层可以提供导电路径，降低读取操作的时间和温度相关特性，最终使漂移特性得到改善。2019 年 2 月，美国斯坦福大学在传统 GST 相变存储器结构中的底部电极上沉积氧化氮化钛层，形成丝状接触，减少接触面积；并使用单层半导体界面、三原子厚的 MoS_2 实现热限制，从而降低了随机存储器的开关功率（图 2）。与典型 PCM 相比，复位电流减少了 70%，开关电流和功率额外降低 30%。

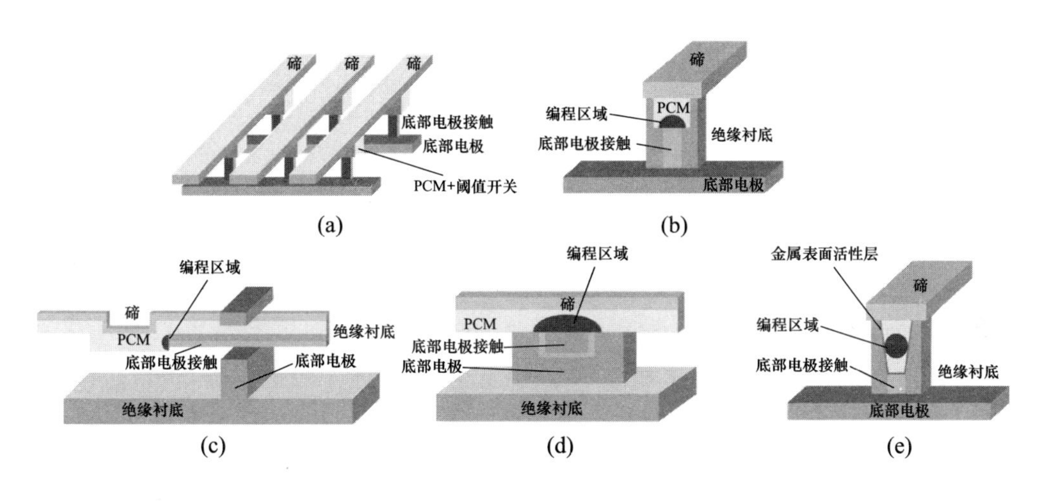

图 2　不同 PCM 结构设计

（二）相变材料的应用发展情况

利用相变材料研制相变随机存储器，并将其作为主存储器系统的一部分，相关研究已持续 10 多年。此外，相变材料存储器还有另一个新兴应用——非冯诺依曼计算。在这种计算范式中，存储器件不仅用于存储数据，还用于执行一些计算任务。现代计算机采用运算器与存储器分离的冯·诺依曼结构，使得运算器与存储器之间的数据传输容量与速率成为限制计算机性能提高的瓶颈问题；同时，现代计算机中的运算器和主存储器都是易失性器件，在断电后信息立即消失，且具有较高的能耗。相变随机存储器能将数据处理和存储功能合二为一，极大地减小传输需求，还可完美地解决断电丢失信息和能耗高的问题。

随机存储器的另一个关键特性是通过施加重复的电脉冲使非晶区逐渐结晶，这种累积特性是随机存储器对流过的电流进行积分的结果，对于模拟突触动力学至关重要。因此，随机存储器能够构建简单的突触和神经元结构（图3），并可实现一些算术运算。更具体地，存储单元的部分非晶化可获得多个RESET状态，而通过施加多个短的中电平电压脉冲可完成逐步的SET操作，对应于非晶相的逐步结晶过程。当前状态的电阻值取决于其在单个相变设备中的激发历史，可用于构建基于大量相变设备的复杂和深度神经网络。

开发具有纳米级物理尺寸（几百纳米）和低功耗（皮焦耳级）的随机存储器突触是实现紧凑和节能的神经启发计算设备的重要一步。近年来，基于GST突触的大规模神经网络在复杂视觉模式提取和识别方面取得了突破，同时大大降低了功耗。英特尔于2018年成功推出“傲腾”，这是一种基于随机存储器的非易失性内存，可用于增强现有的内存存储系统，证明了随机存储器在标准计算系统中用作数字内存的可行性。2018年，IBM研究中心实现了一个包含超过20万个GST突触的混合硬件—软件神经网络，可在分类复杂图像集合方面达到与使用超级计算机的基于软件的训练方法相同的准确度，但能源效率方面仅提高两个数量级。因此，为了进一步提高随机存储器神经网络的性能，探索复杂环境中的器件物理和材料特性至关重要。

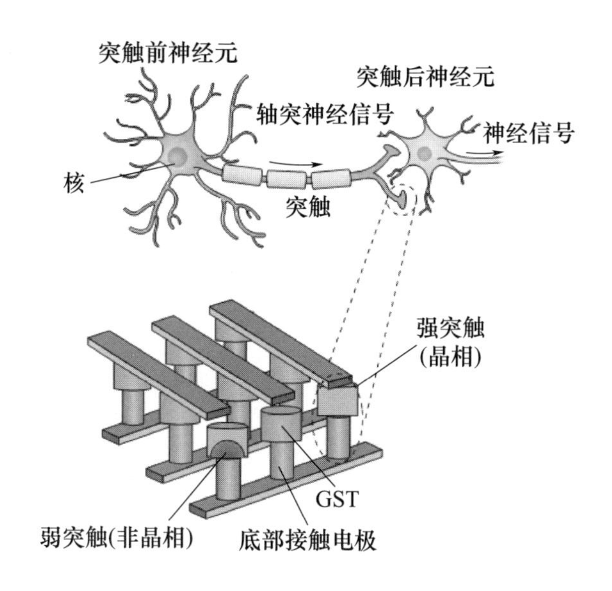

图 3　PCM 构建神经元示意图

除了传统的电子随机存储器设备之外，正在探索可以光学写入和读取的光子随机存储器设备，用于全光子芯片级信息处理。2019 年 5 月，牛津大学、苏黎世 IBM 研究中心、明斯特大学和埃克塞特大学联合利用相变材料（$Ge_2Sb_2Te_5$）和光子波导制造了存储单元，并用它们实现了两个数字的标量乘法。在这个操作中，第一个数字被映射到一个激光脉冲上；第二个数字被映射到器件的透光率上，这由另一个激光脉冲设置。输入脉冲通过器件传播，其振幅根据设定的透射率进行调制；输入脉冲的能量相当于乘法结果，并在输出端进行光学探测。通过并行使用存储单元，并按顺序映射输入数字，最终表明该方法可用于矩阵—向量乘法。

三、当前存在的问题及发展重点

相变材料用于相变存储器，实现高存储密度、神经网络计算还面临以下几个问题：

（1）开关速度。要制作通用存储设备，快速的切换速度很重要。当前基于 GST 的商业化相变随机存储器的开关速度受到结晶相成核随机性的限制。通过掺杂，可降低写入时间，但仍需平衡非晶稳定性和写入速度。

（2）功耗。降低功耗是相变随机存储器迈向实际应用的关键一步。在某种程度上，可通过缩短 SET 操作时间降低功耗。然而，RESET 是更耗电的操作，因为它涉及结晶状态的熔化，因此局部温度升高到熔化温度以上。缩小单元尺寸和提高隔热性是节能的有效方法。

（3）存储容量。3D 堆叠是提高存储容量的有效途径，相变随机存储器商业化的突破由此而来。借助 3D 交叉结构，可沿垂直方向集成多个内存片，与传统 2D 设备相比，可有效增加存储容量。然而，3D 堆叠会导致电流泄漏。使用多级存储是提高存储容量的第二条途径。随机存储器允许多个逻辑状态存在于单个存储单元中，从而导致存储能力相对于标准二进制存储呈指数增长。多个逻辑状态是通过部分熔化存储单元中的随机存储器以具有不同的结晶非晶比来实现的。由于非晶态和晶态之间的大电对比度（超过 2 ~ 3 个数量级），可以获得许多中间电阻状态。

四、结束语

相变存储器高集成度、低功耗、存储速度快，是有望替代传统存储器件、实现新型计算范式的关键技术之一，在先进计算与存储、物联网、生计医疗、交通物流、安防等领域具有广泛的应用前景。特别地，相变随机存储器用于神经网络计算具有重要的军事应用价值。

科技的进步、电子技术的应用使得现代战争中所采用的军事系统和武器装备的质量不断提高，这就必然对传统数据和信息处理系统提出了更高的要求。先进的战场管理系统在控制大量复杂的武器系统时，必须能够从大量移动的传感器平台接收数据并将其融合起来，这在战时要求实时、准确，从而监视和获取目标，并正确实施攻击。由于电子对抗技术的应用，真假目标相互掺杂，从各种传感器收集到的信息具有不精确和不完全的特点。同时许多目标信号也受到各种不同的干扰，因而从传感器接收到的信息必然具有不精确的特点。因此，需要强大的信息处理技术。神经网络不仅具有强大的集团运算能力，还具有对环境的适应和对事物的学习能力，能解决一些环境十分复杂、知识背景不清楚、推理规则不明确的问题，能够推断隐蔽、复杂的非线性关系，进行准确的图像处理和字符识别。因此，发展相变材料及相变存储器技术具有重要的意义。

（中国电子技术标准化研究院　张慧）

拓扑绝缘材料发展综合分析

一、概述

拓扑是一个数学概念，研究几何物体在连续形变（如拉伸、扭转、弯曲等）下保持不变的性质。拓扑绝缘材料是一类内部绝缘和外部导电的新型材料。与传统意义上的导体、绝缘体和半导体不同，拓扑绝缘材料内部的能带结构具有特殊拓扑性质，是典型的绝缘体类型，但其表面具有的狄拉克载流子受到"拓扑保护"，可快速移动穿过能隙并绕过杂质沿原来的方向移动，呈现金属态。理想的拓扑绝缘材料通常具有高电子迁移率和超低功耗，因此具有出色的电子导电性。这些表面电流对局部缺陷和微扰的显著稳定性，使这些材料在量子传输、自旋电子器件和新型晶体管等领域得到了应用。

自2007年拓扑绝缘材料首次问世以来，凭借其特殊的性能在电子应用领域展现出巨大潜力，例如超低能晶体管、癌症扫描激光器和超越5G的自由空间通信。根据应用领域的不同，当前拓扑绝缘材料主要分为电子拓扑绝缘体、光子拓扑绝缘体、拓扑超导体、拓扑半金属等。

（一）电子拓扑绝缘体

首个被制备成功的拓扑材料便是电子拓扑绝缘体。利用电子拓扑绝缘体制备的半导体晶体管也可在两种状态下切换；正常情况下，电子拓扑绝缘体的边缘导电可充当晶体管的“导通”状态；当施加电场时，不再具有导电边缘，从而充当晶体管的“关断”状态。理论计算表明，拓扑晶体管具有标准晶体管的一半电压和四分之一的功耗，能够显著提高计算机芯片效率，节约能源。其中，最有望制备成拓扑晶体管的是一种排列在蜂窝晶格中的单层铋原子。

（二）光子拓扑绝缘体

光子拓扑绝缘体于2009年研制成功。这些材料的结构使光受到类似的拓扑保护，内部不透光而表面却存在单重拓扑保护的表面模式。这样的表面态可实现光对材料杂质缺陷免疫的无损耗传播，实现理想传输特性，特定波长的光沿其外部流动而不会损失或散射，克服传统光学器件对材料杂质缺陷产生强损耗的缺点，有望驱动新型光学器件的变革。该材料可用于制备包含拓扑保护的激光器，与传统设备相比，可显著提高效率和对缺陷的鲁棒性。例如使用铟镓砷和铟铝砷夹层来发射中红外波长的拓扑激光器，以太赫频率工作，这对于检测、安全扫描和分析空气污染物、激光雷达传感器或5G以外的自由空间通信等应用非常有用。

（三）拓扑超导体

拓扑超导体通常由与半导体耦合的超导金属制成。这些材料之间的相互作用可产生马约拉纳费米子，这是它们自己的反粒子的长期理论粒子。马约拉纳费米子可用作量子位，这是大多数量子计算机的核心。量子位通常较为脆弱，但拓扑超导体的马约拉纳费米子可受到拓扑保护，不受干扰，从而推动实用化量子计算机发展。

（四）拓扑半金属

拓扑半金属就其导电或导热能力等特性而言，介于金属和绝缘体之间。这些材料可具有几乎无耗散的电流，可比当前任何材料更能够将更多的光转化为电能，在超低电力电子设备和废热发电领域具有重要潜力。理论研究也表明，能够通过改变拓扑半金属的厚度来调整其性能，提高材料及相关器件的设计灵活性。此外，部分拓扑半金属，如砷化钽可从中红外光中产生比任何其他材料多10倍的电流，用于化学和热成像。

二、拓扑材料的制备方法及应用潜力

（一）制备方法

拓扑绝缘材料的制备方法到目前为止已有了较为充分的研究，主要包括自上而下的剥离法和自下而上的生长法，每种方法各有优缺点。

剥离法利用材料层间结构较弱的范德华力，通常可获得较为整洁的样品，用于表征和输运性质研究。利用思高胶带将单层或数层晶体从材料中剥离的机械剥离法操作简便但难以控制产率；化学溶液剥离可以规避机械剥离产率低的问题，但得到的产物可能存在较多的缺陷，需要后处理来提高质量；此外还有液相剥离等方法，但通常难以获得单层样品。拓扑绝缘材料的生长方法主要有化学蒸汽沉积法、分子束外延法、范德华外延法以及脉冲激光沉积法等。其中最常用的为金属—有机物化学沉积法、分子束外延法，能够获得成分和结构高度可控的高质量薄膜，但基底的成核率低和晶格结构缺陷多是该制备技术需要解决的问题。范德华外延法在外延过程中可克服晶格错配的问题，通过选用具有适当表面性质的材料作为范德华外延的基底，可获得取向可控、面积较大的薄膜材料。脉冲激光沉积法通常在真空中进行，能够较好地控制污染，获得的样品具有较高的纯度，还可通过控制两种离子的蒸汽化比例控制薄膜中的离子比例。

特别地，纳米结构形式的拓扑绝缘材料是当前拓扑绝缘材料制备技术的研究重点。从器件应用方面看，将拓扑绝缘材料集成到现有器件制造技术中必须采用纳米结构形式。例如，可以原子精度将拓扑绝缘材料薄膜与其他功能材料（如超导体或铁磁绝缘体）连接起来制备出特定功能的异质纳米结构。基于量子自旋霍尔态的拓扑场效应晶体管、低功率拓扑磁存储器、不受退相干影响的稳健量子比特等器件的应用都依赖于拓扑绝缘材料的纳米结构。2010 年，研究人员已通过微机械剥离法制作了厚度为 17 纳米的硒化铋（Bi_2Se_3）纳米薄膜片，制作了场效应晶体管。2017 年，研究人员利用金纳米粒子作为生长催化剂，分别使用碲化锡（SnTe）和碲化铟（InTe）作为源和掺杂剂粉末，首次合成量子计算所需的超导碲化锡纳米线。当前大多数拓扑绝缘材料及一些拓扑半金属已制成纳米结构，并推动了材料表面态的研究。

（二）主要应用领域

拓扑绝缘材料在多种领域展现出巨大的应用潜力，其中超快光器件、量子计算是最为重要的应用领域，超低功耗器件、光电器件电极领域也展现了巨大优势。

1. 超快光器件

拓扑绝缘材料的宽频强非线性及光电特性使其在超快光器件中具有非常大的应用潜力，近年来国际上已开展了大量的激光器、光电探测器、光调制器等超快光器件的研究。

拓扑激光器可以有效地仅产生单一波长的光，不会因产生不需要的波长而浪费功率。此外，拓扑激光器对材料、器件制造或操作过程中可能发生的缺陷不太敏感，可获得更高的产量以及更强大的性能。其中，光纤激光器凭借较高的效率和较好的光束质量，得到了充分的研究和广泛的应用。研究人员采用多种方法将拓扑绝缘材料薄膜集成到光纤激光器中，例如将其置于有机物基底上，夹在两个光纤连接器之间形成三明治结构；将其夹在光纤连接器和反射镜之间制成饱和吸收镜，能够较好地对抗机械损伤。但是因为有机物的热稳定性较差，在激光能量较高时可能在耦合处产生机械形变，从而影响激光器的性能。目前研究证实，可将薄膜材料直接沉积在光纤末端，避免有机物基底带来的影响。

拓扑绝缘材料具有较窄的能隙，和其他材料形成异质结时，由于材料性质的不同会在受到光照射时产生光电流。这是将拓扑绝缘材料用作光电探测器的基础，相关研究仅次于激光器。在物理原理上，光电效应速度普遍较慢，基于拓扑绝缘材料异质结的光电探测器的响应速度较为缓慢，最快在微秒量级。近年来，在可见光波段光电探测器的发展较为迅速，但红外频段和宽频光电探测器的发展仍存在挑战。相比传统的半导体材料，碲化铋（Bi_2Te_3）等拓扑绝缘材料拥有较小的能隙，这使得它在波长较长的波段有更大的潜力，并在光电探测中展现出了出色的宽频响应和相对较快的响应速度，应用前景十分广阔。

2. 量子计算

实现大规模量子计算，需要避免微扰导致的退相干效应引起的错误。与传统的量子计算方案相比，拓扑量子计算有可能从根本上解决这个问题，而拓扑超导体与马约拉纳键态（MBS）是拓扑量子计算实现的物质基础。通过在拓扑材料纳米线中引入超导性以产生 MBS，可以使拓扑量子计算成为可能。当前有两种将超导性引入拓扑材料的途径：第一种是在超导体旁边放置拓扑材料，通过接近来诱导超导；第二种是通过嵌入或掺杂在拓扑材料中诱导超导。拓扑纳米线凭借较高的晶体质量，适合实现和操纵 MBS，以进行拓扑量子计算。迄今为止，实验探索最多的拓扑超导系统是具有强自旋轨道耦合的一维半导体纳米线，例如通过分子束外延生长法制备的铟掺杂碲化锡纳米线、砷化铟和锑化铟等。

3. 光电器件电极

传统的贵金属如铂、金和银，通常用作电极。然而，使用贵金属作为电极的器件存在许多问题，如悬空键和不规则表面导致严重的载流子散射，并阻碍电荷载流子的传输。氧化铟锡（ITO）和石墨烯是另一类经常用于高性能光电探测器的电极，基于这两种材料的器件也存在一些缺点，例如 ITO 的柔韧性不足，近红外光透射率低以及复杂的石墨烯制造和转移过程。由于具有拓扑保护和高导电性的表面通道，二维拓扑绝缘薄膜可以有效地抑制不希望的电荷散射，并被证明是一种优越的电极。通过使用 Bi_2Se_3 薄膜作为电极制造了 $Bi_2Se_3-FA_{0.85}Cs_{0.15}PbI_3-Bi_2Se_3$ 光电探测器。制造的光电探测器对 650 纳米照明表现出明显的灵敏度，开/关比为 0.8×10^5，重现性良好。响应度、外量子效率和比探测率等性能均优于使用金作为电极的钙钛矿器件，以及大多数其他基于钙钛矿材料的器件。

三、近年来的重要研究进展

（一）拓扑绝缘材料目录问世

寻找自然界中新的拓扑不变量，以及具备了这些拓扑不变量的材料，是拓扑绝缘材料研究的关键之一。从原理上讲，拓扑不变量的信息已经包含在了所有价带的电子波函数中，可以用第一性原理计算的方法得到。但在实际操作中，由于某些拓扑不变量的表达式非常繁难，此类计算需要具有深厚材料物理和拓扑物理学背景的专家，同时也会耗费大量的时间。2017 年，美国普林斯顿大学物理系、加州大学伯克利分校分别提出“拓扑量子化学”和“对称性指标理论”，表明可以通过全自动的方法计算得到能带的对称性数据。2018 年 7 月，中国、美国、西班牙、德国等国家的科研人员分别设计出通过计算能带高对称点的对称性数据从而得到材料的拓扑性质的算法，并用来以全自动的方式寻找新的拓扑材料（图 1）。研究人员利用新的理论及算法对 40000 种无机晶体材料进行计算，发现其中约 8000 种是拓扑材料，不仅包括所有已知拓扑材料，还包括了大量的新拓扑材料，这与之前人们认为拓扑材料是特殊的和稀有的直觉大相径庭。2019 年 2 月，“拓扑电子材料目录”正式问世，代表了拓扑材料这一领域开始从“寻找新材料”转向“研究新材料”，是理论研究的跨越性进步。

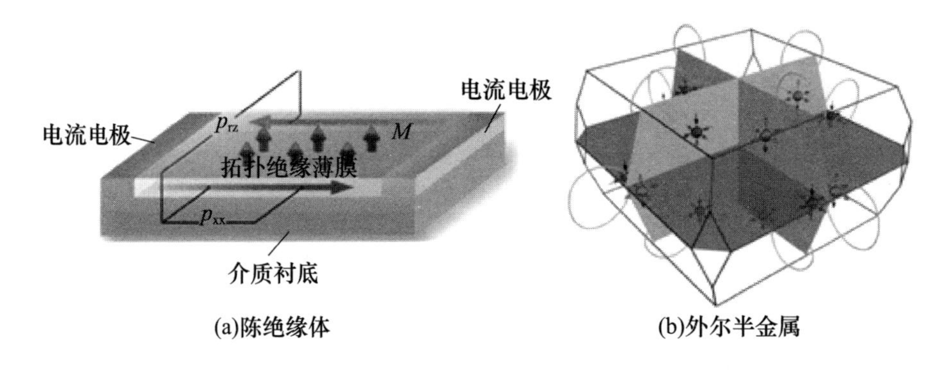

图 1　拓扑材料结构

（二）拓扑量子计算取得巨大进步

与其他量子计算技术相比，拓扑量子计算无需大规模纠错，可能是真正的量子计算。拓扑量子计算还拥有无可比拟的优点：对于环境干扰、噪声、杂质有很强的抵抗能力；相干时间可以无限延长；两比特门保真度可达 100%。拓扑超导材料中的 MBS 具有天然的容错能力，非常适合量子计算。但是，材料系统必须在大磁体的内腔中运行，每个拓扑片段必须沿着磁场的方向精确排列。这需要强大的磁场来诱导拓扑相位，使得实现 MBS 的进展受到巨大的阻碍。

2020 年 11 月，微软与哥本哈根大学合作开发了制作拓扑量子计算机的新材料，是拓扑量子计算机数十年来取得的重大进展。研究人员将单晶半导体、超导体、铁磁绝缘体（铕硫化物（Eus））组合成一种新的三重混合体材料。该新材料内部磁性自然地与纳米线的轴对齐，并在其中产生一个有效强磁场（比地球磁场强一万倍以上），足以诱发拓扑超导相位。这项研究提供了制造拓扑量子计算的新途径，新材料将很快应用于真正的拓扑量子比特，从而实现真正的拓扑量子计算机。

（三）室温拓扑激光器研制成功

最早研制出的拓扑激光器通常需要外部激光器来激发才能工作，而近期开发的电泵浦拓扑激光器需要在 -264℃ 的低温下工作，这些都是限制拓扑激光器实用化的因素。2021 年 7 月，美国南加州大学研究拓扑绝缘材料五碲化锆（$ZrTe_5$）的特性，并开发了第一个电泵浦室温拓扑激光器（图 2）。五碲化锆是一种被称为狄拉克半金属的拓扑材料，可以承载几乎无耗散的电流。使用太赫兹激光对五碲化锆进行泵浦，可在材料内触发巨大的拓扑保护电流，电子可以三分之一的光速移动，距离可达约 10 微米。与使用电或磁泵浦相比，光泵浦速度更快、更节能。在此基础上，研究人员制备了一个由 10×10 网格作为多个耦合谐振器环组成的拓扑激光器。每个谐振器环 30 微米宽，通过大约 5 微米宽的椭圆形小环相互连接，所有这些环都由半导体层的夹层制成，例如砷化铟镓、磷化铟和磷化砷化铟镓。当该阵列边缘的电极对这个网格进行电泵浦时，这些环会产生波长为 1.5 微米的激光，这是光纤通信中最常用的波长。环的尺寸和几何形状、环相互之间的位置以及半导体层的特定厚度和组成有助于确保激光器中的光受到拓扑保护。

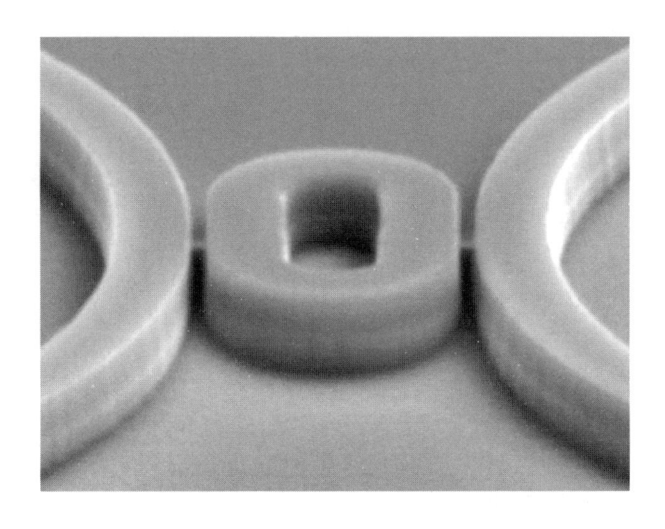

图 2　电泵浦拓扑绝缘体激光器结构

四、拓扑绝缘材料面临的挑战

拓扑绝缘材料经历十几年的发展，在材料特性理论、材料制备、器件制备等领域仍然有很多问题需要解决。

在理论研究方面，了解拓扑纳米材料的生长机制对于有针对性地改进材料质量，实现受控的纳米结构形态至关重要；开展材料结构—传输特性关系研究，明确拓扑纳米材料的传输特性与缺陷密度和类型的关系，也是开发高端电子和光电技术的关键，但这两方面的研究显著不足。首先，拓扑纳米材料一般通过化学气相沉积法在高压下制造，因此很难理解成核和生长；其次，会降低传输性能或引起新的拓扑边缘状态的缺陷理论研究知识不足，拓扑表面态的散射机制未知，对于拓扑结构—表面态性质关系研究几乎不存在；第三，拓扑绝缘材料中不同掺杂剂的能级理论计算开展较少。

在材料制备方面，控制拓扑纳米结构拓扑绝缘体的晶体质量和形态仍然很困难。首先，基于硫属元素的拓扑绝缘材料纳米结构中，缺陷密度（主要是硫属元素空位）仍然很高，从而导致高残余体载流子密度。因此需要进一步减少这些空位或寻找不降低电子迁移率的补偿掺杂方案。其次，纳米线直径的控制很难，在使用金催化剂生长拓扑绝缘材料纳米带时，很容易发生从直接气相到固体沉积的侧向生长，从而使纳米带变宽。

在器件制备方面，虽然拓扑绝缘材料在超快光器件应用中具有独特的优势，但目前拓扑绝缘激光器的热稳定性和机械稳定性仍较差，且样品性质不太稳定，可重复性也较差，因此仍不能完全取代传统的超快光学器件。

在检测方面，电子输运特性测量是进行拓扑绝缘材料的应用研究必不可少的环节。首先，电子输运特性虽然由大容量载流子密度决定，但表面态也会对该特性产生一定影响，因此需要新型探针技术来准确测量表面状态；其次，纳米结构内部的缺陷很多，如螺旋位错密度，因此需要使用像差校正（扫描）透射电子显微镜和光谱技术等对拓扑纳米材料的微观结构进行更详细的表征，以明确输运特性与缺陷类型的关系；第三，拓扑绝缘材料纳米结构最具潜力的应用是作为基于一维拓扑超导体的稳健量子计算机的量子位，而拓扑超导体中 MBS 的检测仍然是超导拓扑绝缘体纳米线研究中的一个重要挑战。

（中国电子技术标准化研究院　张慧）

美国高丰度低浓铀燃料技术发展分析

2021年6月23日，美国核管会批准森图斯能源公司位于皮克顿的铀浓缩设施生产高丰度低浓铀的许可请求，使其成为美国目前唯一获准生产高丰度低浓铀的生产设施。该设施有望在2022年6月结束示范并投运。该设施的成功示范将为高丰度低浓铀技术的工业化应用奠定基础。

一、高丰度低浓铀燃料的优势

传统轻水堆采用燃料丰度3%～5%的低浓铀燃料，平均燃耗约为60兆瓦·天/千克铀。将燃料丰度限制在5%以内这一标准在核燃料制造产生开始便已经存在，并已成为轻水堆燃料运行领域的一项行业标准，但目前并没有找到制定这一标准的详细理论依据。随着燃料设计技术的不断发展，轻水堆燃料的设计丰度不断增加，目前最高已达到4.95%。耐事故燃料采用的新型包壳材料比锆合金包壳吸收热中子的能力更强，为维持燃料性能，也需要将燃料丰度提升至5%以上。

高丰度低浓铀是指铀－235丰度在5%～19.75%之间的浓缩铀。与传统低浓铀燃料相比，高丰度低浓铀燃料具有许多优点：

（1）燃料中铀－235 丰度更高，相同性能需求下可缩小反应堆体积，适用于小型模块化反应堆、移动微堆等小体积堆型。

（2）换料周期更长，可提高燃料循环经济性。

（3）具有更高的燃耗水平，从而提高燃料利用率。

（4）放射性废物产生更少，可降低废物处置成本。

二、美国高丰度低浓铀燃料产业发展现状

高丰度低浓铀可用于军用和民用先进反应堆研发，受到美国能源部的高度关注。2021 年 1 月，能源部核能办公室发布《战略愿景》文件，提出高丰度低浓铀获取计划，打造高丰度低浓铀生产供应体系。除美国以外，其他一些国家也对高丰度低浓铀燃料技术表现出浓厚兴趣，并在相关领域开展了一部分工作。

（一）美国多型先进反应堆拟采用高丰度低浓铀燃料

1. 军用移动微堆

为解决军事基地远距离后勤保障难题，美国国防部启动名为“贝利”的军用移动微堆研发计划。“贝利”反应堆可通过卡车、铁路和船舶等方式运输，拟采用高丰度低浓铀燃料。“贝利”计划第一阶段已于 2020 年 3 月启动，为期 2 年，预计将于 2023 年底完成满功率测试，2024 年启动户外移动测试。

2. 地月空间敏捷作战演示验证火箭

美国国防高级研究计划局 2020 年披露了“地月空间敏捷作战演示验证火箭”项目。该项目将研制使用高丰度低浓铀作燃料的核热推进系统，目

前正在开展设计方案起草和发射安全协议制定工作。地月空间敏捷作战演示验证火箭预计于 2025 年进行首飞。

3. Natrium 反应堆

泰拉能源公司开发的 Natrium 反应堆（图 1）是一型使用高丰度低浓铀燃料的钠冷快堆，电功率为 345 兆瓦。Natrium 反应堆是美国“先进反应堆示范计划”第一批次开发的重点堆型，预计 2027 年前投运。

图 1　Natrium 反应堆电厂概念图

4. eVinci 微堆

eVinci 微堆由西屋电气公司开发，使用高丰度低浓铀燃料和专门的热管冷却，热功率最高可达 15 兆瓦，可在偏远地区灵活运行，目标是实现“10 年不换料不维护”。eVinci 微堆目前已入选“先进反应堆示范计划”第二批次堆型，预计 2035 年前投运。

5. Aurora 微堆

奥克洛公司开发的 Aurora 微堆是一型快中子堆，电功率 2 兆瓦，能够为前沿和偏远的军事基地或城镇供电（图 2）。Aurora 微堆也使用高丰度低浓铀燃料，换料周期最高可达 20 年。

图 2　奥克洛公司对 Aurora 微堆的应用构想

（二）美国多措并举，构建一体化高丰度低浓铀供应链

目前，美国没有任何商业设施能够立即生产出高丰度低浓铀。因此，建立一个长期稳定的高丰度低浓铀供应体系是美国核工业发展的当务之急。能源部认为，一个可靠的高丰度低浓铀供应链体系至少需要满足以下 3 个方面的需求：

（1）在生产方面，需要短期供应和长期供应相结合，满足核工业界各个时期对高丰度低浓铀生产能力的需求。

（2）在材料运输方面，需要根据高丰度低浓铀的材料特性对现有低浓铀运输体系进行全方位改进。

（3）在燃料制造方面，需要尽快启动高丰度低浓铀燃料制造厂的建设和许可审批工作。

为此，能源部正采取多项措施，着力构建“生产—运输—燃料制造”一体化的高丰度低浓铀供应链。

1. 利用现有乏燃料库存，保证短期供应

短期供应方面，能源部的乏燃料库存是美国目前高丰度低浓铀生产的主要来源，技术路线主要包括电化学处理和混合锆萃取（ZIRCEX）2 种工艺。

电化学处理工艺的原理是：首先，将被辐照过的研究堆乏燃料放入高温熔盐化学槽中，利用电流分离出高浓铀金属；然后，清洗回收的高浓铀并将其与低浓铀掺混获得高丰度低浓铀。该路线使用的乏燃料产自爱达荷国家实验室的 EBR－Ⅱ反应堆，是美国目前高丰度低浓铀的主要供应来源。2000 年以来，能源部已利用该方案生产了约 10 吨高丰度低浓铀，这些高丰度低浓铀目前储存在爱达荷国家实验室。根据能源部核能办公室最新颁布的《战略愿景》文件，到 2023 年，美国将利用该方法再生产 5 吨高丰度低浓铀。

混合锆萃取工艺的原理是：首先，将被辐照过的乏燃料放入盐酸气体中，除去铝或锆包层；然后，乏燃料通过一个模块化溶液萃取系统，分离出高浓铀金属；最后，清洗回收的高浓铀并通过掺混获得高丰度低浓铀。为提升该工艺技术水平，爱达荷国家实验室正联合阿贡（溶剂萃取）、橡树岭（产品固化）以及太平洋西北国家实验室（废物处置）开展该工艺四分之一规模的示范装置测试工作。

2. 开展本土铀浓缩技术示范，建立长期供应渠道

高丰度低浓铀生产示范工程（图 3）也称“民用核浓缩”项目，由能源部委托森图斯能源公司主持开展，预计 2022 年完成。该项目的主要内容是在皮克顿铀浓缩设施里安装一套由 16 台 AC－100M 离心机组成的先导级联，生产 200 ~600 千克丰度为 19.75% 的高丰度低浓铀，以验证利用美国本土离心技术生产高丰度低浓铀的能力。高丰度低浓铀生产示范工程目前进展顺利，届时可满足政府和商业部门对高丰度低浓铀的长期需求。

图 3　HALEU 生产示范工程

AC－100M 级联离心机由森图斯能源公司在 AC－100 离心机基础上改进而来，将在示范结束后投入商用。能源部表示，AC－100M 离心机技术已经成熟，是目前唯一自主可控的、可用于高丰度低浓铀生产示范的铀浓缩技术。

3. 升级或重新设计适用于高丰度低浓铀材料运输的容器

目前用于商业核燃料的运输容器（如 30－B 运输容器，一次可运输 2000 千克六氟化铀），主要是针对低浓铀材料设计的，不适用于高丰度低浓铀材料；而军用高浓铀材料的运输容器容量太小（如 5－B 运输容器，一次可运输 25 千克高浓铀材料），不适用于商业核燃料运输。能源部认为，为保证高丰度低浓铀材料运输，需要对原有的核材料运输体系进行升级完善。

对于丰度在 10% ~20% 的高丰度低浓铀材料，短期来看，可以使用 5 – B 运输容器；长期来看，需要研发新的专用运输容器。能源部已于 2019 年开始委托爱达荷、橡树岭和太平洋西北国家实验室开展相关工作，目前已完成新型运输容器的可行性分析和临界基准验证，正在进一步细化设计规范。

对于丰度在 5% ~10% 的高丰度低浓铀材料，需要对现有的 30 – B 运输容器进行升级完善，能源部目前委托太平洋西北国家实验室开展相关工作。

4. 积极推进高丰度低浓铀燃料制造工作

高丰度低浓铀燃料独特的芯块和包层结构需要全新的燃料制造工艺。短期供应方面，美国能源部已完成对爱达荷国家实验室燃料制造设施的环境评估，确认了利用该设施制造少量高丰度低浓铀燃料的可行性与安全性。长期供应方面，2019 年，森图斯能源公司与 X – 能源公司签订合作协议，投资建设一座“TRISO – X”燃料制造厂，使用高丰度低浓铀为 X – 能源公司制造 TRISO 燃料。另外，巴威公司也宣布将重启 TRISO 燃料生产线，利用高丰度低浓铀制造 TRISO 燃料。

三、几点认识

（一）高丰度低浓铀燃料是未来的发展趋势

将燃料丰度限制在 5% 以内的标准源于对首批商业反应堆进行的早期研究，其目的是提供一个较大的运行安全裕度，但这一限制并没有确凿的技术依据。

改变目前轻水堆燃料丰度限制，采用高丰度低浓铀燃料的驱动因素主要有两个：

（1）希望通过提高燃料燃耗，进而延长换料周期、减少高放废物产生，全面提升燃料循环经济性。

（2）自2011年3月福岛核事故发生以来，人们更加重视核工业的安全性，开始耐事故燃料的设计工作。这些设计是多种多样的，但其中许多方案设计会增加热中子吸收截面，提高燃料丰度已被证明是一个有效的补救措施。

（二）高丰度低浓铀燃料产业重点领域还存在短板

高丰度低浓铀可用于先进反应堆研发、先进核燃料制造以及特殊军事用途，在军民领域均极具应用前景。但为证明高丰度低浓铀燃料的安全性，还需在生产、运输和燃料制造等重点领域开展大量工作，或者进行设计上的改进。

（1）材料运输。目前面临最紧迫的一项任务是升级或重新设计适用于高丰度低浓铀材料运输的容器，特别是对于浓缩六氟化铀和金属铀。在目前的核燃料循环体系中，浓缩六氟化铀运输容器对材料的丰度限制在5%以内，因此，现存的六氟化铀运输容器只能用于低浓铀材料。

（2）安全性。在许多安全性研究中，当前5%的材料丰度限制已被用作一个约束条件，如：临界安全。这意味着许多核设施的设计决策都是在此基础上做出的。因此，为发展高丰度低浓铀燃料产业，需要重新对包括从铀浓缩厂到燃料制造厂、在反应堆中的使用、乏燃料池的储存、长期储存和最终处置等整个燃料循环体系进行安全评估。值得注意的是，目前美国、俄罗斯等一些国家已在解决这一问题方面采取行动，也取得了一些进展。

（三）美国高度重视高丰度低浓铀燃料供应链发展

美国能源部2020年4月发布的《恢复美国核能竞争优势——确保美国国家安全的战略》明确了全面提升核燃料供应链能力水平、恢复核能领导地位的决心。高丰度低浓铀燃料可在保证反应堆性能的前提下缩小反应堆体积、延长换料周期、减少放射性废物产生量，是大多数先进反应堆燃料的首选方案。基于高丰度低浓铀燃料的优良性能，美国也积极探索其在空间核动力、陆基移动核电源等军事领域的应用，且国防相关先进反应堆必须使用国产高丰度低浓铀。因此，建立长期稳定的高丰度低浓铀供应链体系，既是美国恢复核能竞争优势的一项重要举措，也是其推动军用核动力实现跨越式、颠覆式发展的重要抓手。

（中国核科技信息与经济研究院　仇若萌　马荣芳）

美国耐事故燃料技术研究进展

截至2021年初，美国已实现全球首个包含燃料芯块和包壳在内的标准长度燃料组件的燃料循环，并首次为沸水堆交付增强型耐事故燃料棒原型。下一步，美国将进一步强化耐事故燃料的商业制造能力，并将耐事故燃料逐步应用于现有轻水堆。

一、耐事故燃料的概念及优势

耐事故燃料（Accident Tolerant Fuel，ATF）的定义是：与标准二氧化铀－锆（UO_2－Zr）燃料体系相比较，能够在相当长一段时间内容忍堆芯失水事故，并且在正常运行工况下维持或提高燃料的性能。目前UO_2－Zr体系在事故工况下存在的问题如图1所示，主要包括包壳内外侧的氧化、包壳鼓包和爆裂、共熔反应、燃料的重定位和扩散以及燃料棒的熔化等多个方面。为了改善这些行为，耐事故燃料主要考虑优化四个关键的性能特征来提高燃料棒的安全裕量，即降低包壳与蒸汽的反应速率、降低氢气的产生速率、提高包壳的力学性能以及提高燃料包容裂变产物的能力。综上，耐事故燃料最重要的两个理念是：

（1）提高燃料的导热性能来降低燃料的温度；

（2）减小包壳水侧以及与蒸汽的氧化反应速率。

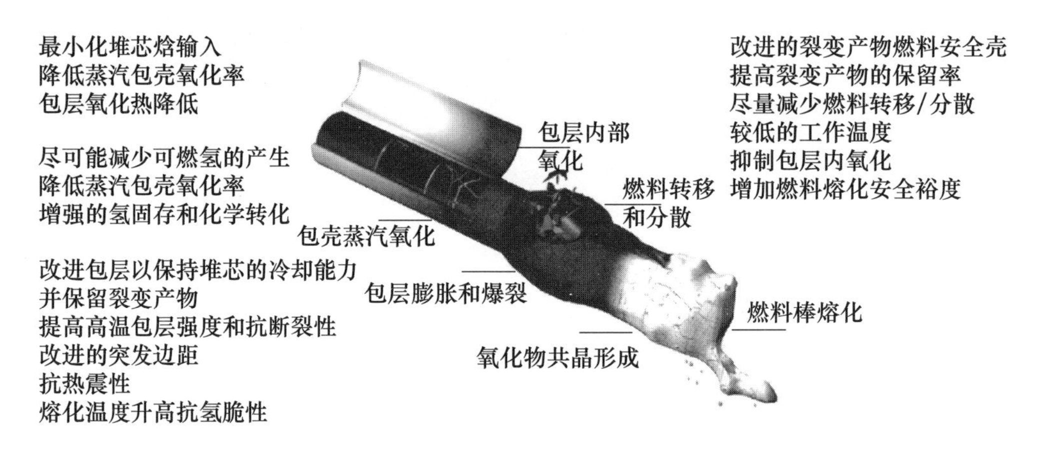

图 1　燃料棒在事故工况下所存在的问题以及 ATF 概念下提高安全裕量的 4 个关键性能特征

二、美国耐事故燃料研制计划

美国耐事故燃料计划由美国能源部主导和出资，研发机构包括西屋公司、通用原子公司、法马通公司、橡树岭国家实验室、爱达荷国家实验室、洛斯阿拉莫斯国家实验室、阿贡国家实验室、桑迪亚国家实验室、布鲁克海文国家实验室、劳伦斯伯克利国家实验室、太平洋西北国家实验室、麻省理工学院等。研究重点主要包括高导电燃料、硅化铀（U_3Si_2）芯块燃料、全陶瓷微囊燃料（FCM－UO_2、FCM－UN）、强化 UO_2芯块以及复合燃料。重点考虑的包壳材料包括涂层锆合金、高级钼合金、高级钢、铁铬合金、改性锆基包壳、包壳用陶瓷涂层以及 SiC 包壳等。

耐事故燃料计划的目标是在2022年前在商用压水堆中对试验燃料棒或燃料组件进行性能论证，同时将碳化硅（SIC）包壳、带涂层锆包壳以及燃料芯块为U_3Si_2的耐事故燃料先导试验棒和组件安装到商用反应堆中。为实现轻水堆用增强型耐事故燃料的开发和商业化，美国能源部将该工作分为3个阶段进行，如图2所示。

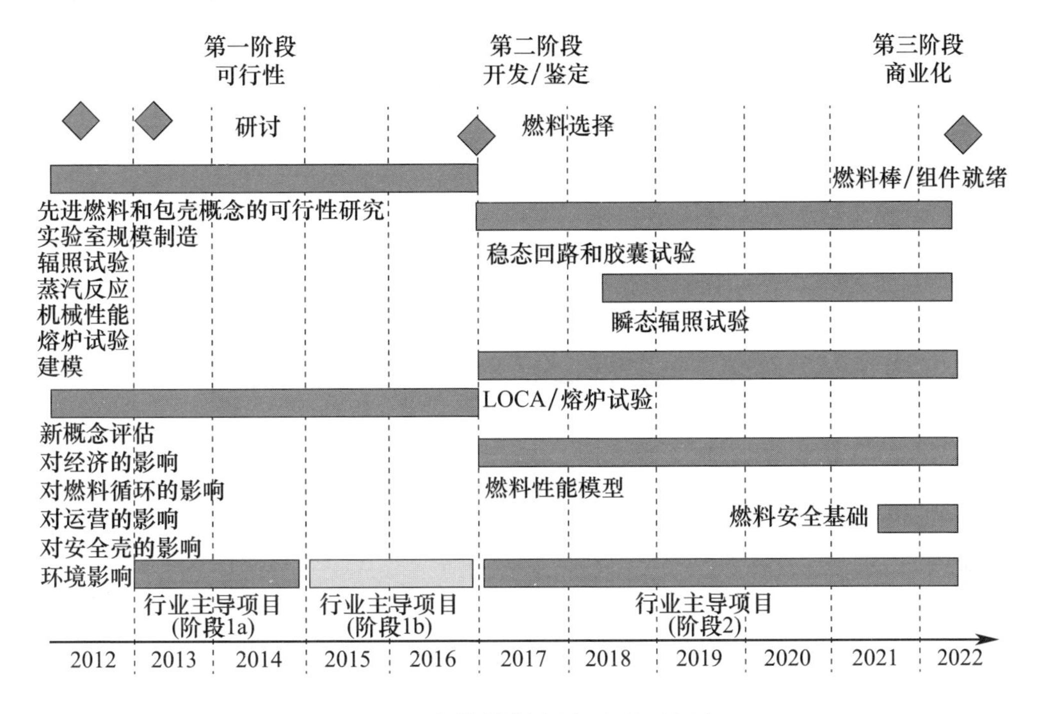

图2　耐事故燃料研发阶段时间表

第一阶段（2012—2016财年）主要进行小规模和现象学测试以获得可行性评估所需数据。测试包括制备样品的表征、包壳材料的高温蒸汽试验、燃料包壳的辐照测试、蒸汽试验前后包壳和燃料材料的机械和化学性能试验、样品辐照试验以及相关的辐照后检验（PIE）。此外，该阶段还使用燃料性能代码对各种燃料和包壳性能或模型进行分析评估，确保其可用性。

第二阶段（2016—2022 财年）将制造工艺扩大至工业规模，同时进行先导试验棒和组件制造。如果装配设计与目前使用的二氧化铀－锆合金组件区别很大，则可能对整个组件进行测试。反之，则将几个 LTR 并入二氧化铀－锆合金组件进行测试。试验堆测试涵盖制造变量、温度以及线性热耗率限制。鉴定过程包括燃料性能、辐照后检验以及燃料性能代码开发。上述测试结果将建成数据库。2018—2020 财年期间，进行未经辐照和辐照小棒的瞬态试验以确定燃料失效模式和失效裕度。2020 财年，完善商业堆辐照的安全基础，同时完成 LTA 的辐照测试和辐照后检验示范工作。

第三阶段（2022 财年—）为商业化阶段。该阶段将进一步强化商业制造能力，并逐步将耐事故燃料应用于现有轻水反应堆。

三、美国耐事故燃料研究进展

美国核管会将耐事故燃料分为近期和长期概念。近期 ATF 概念指可依靠现有数据、模型和方法进行改进的燃料概念，所需的额外数据有限。长期 ATF 概念则指需要开发大量新数据、模型和方法。

商用堆近期 ATF 概念包括：高级不锈钢包壳耐事故燃料、在 UO_2 中掺杂氧化铬（Cr_2O_3）和氧化铝（Al_2O_3）的耐事故燃料，以及涂有铬的传统锆合金包壳燃料。这些燃料主要是对包壳的改进，因为在严重事故下，包壳的安全性起着重要作用。长期燃料概念包括：碳化硅（SIC）包壳燃料、高密度硅化物燃料、高密度氮化物燃料以及金属燃料（特别是锆含量接近 50% 的铀锆合金燃料）。研发重点集中在锆合金包壳、二氧化铀芯块的完善和改进。

（一）西屋公司

近期，西屋公司正在推进 ADOPT™ 燃料和镀铬锆包壳的硅化铀（U_3Si_2）

燃料的商业化。长期方面，该公司正在开发 EnCore® 燃料，该燃料包括 U_3Si_2芯块－SiC/SiC 复合包壳燃料和 UN 芯块燃料等多种设计。该公司的包壳已在麻省理工学院反应堆中进行了测试。U_3Si_2燃料芯块已在西屋公司和爱达荷国家实验室的先进试验堆（ATR）分别完成测试。

LTR 方面，2019 年 4 月，12 根镀铬 ZIRLO® 包壳和标准 UO_2燃料、4 根带标准包壳和分段 U_3Si_2燃料棒以及 4 根镀铬 ZIRLO® 包壳和 ADOPT™ 燃料在拜伦核电站 2 号机组完成安装。下一步，西屋公司计划在 2022 年对镀铬 ADOPT™包壳、UO_2燃料、U_3Si_2燃料以及 SIC 包覆 U_3Si_2燃料进行铅试验组件辐照测试。

（二）法马通公司

法马通公司正在推进的两种商业化燃料分别为镀铬锆合金包层（M5®）的 Cr_2O_3掺混 UO_2燃料以及 SiC/SiC 复合包壳的 Cr_2O_3掺混 UO_2燃料。镀铬 M5® 的包壳已在瑞士戈斯根核电站和橡树岭实验室完成测试，镀铬 M5® 包层和 Cr_2O_3掺混的 UO_2燃料已在 ATR 和挪威哈尔登研究堆完成测试。

2019 年，镀铬 M5® 燃料和 Cr_2O_3掺混的 UO_2燃料共 16 根燃料棒在 Vogtle 2 号机组完成安装。32 根镀铬 LTR 在阿肯色核电站 1 号机组进行了安装。法马通计划 2021 年在卡尔浮悬岩核电站安装 2 根 M5® 包层和 Cr_2O_3掺混的 UO_2燃料棒。此外，法马通还计划 2022 年进行 SiC/SiC 包壳和 Cr_2O_3掺杂 UO_2燃料的 LTR 测试。

（三）全球核燃料公司

全球核燃料公司正在与通用电气公司合作推进 ARMOR 和 IronClad 燃料的商业化进程。ARMOR 燃料包括 UO_2燃料和涂层锆合金包壳，其耐磨性、抗氧化性更高。IronClad 燃料的包壳为 FeCrAl 合金。

ARMOR 和 IronClad 燃料都在 ATR 完成了测试。2020 年 2 月，ARMOR

和 IronClad 的测试用分段燃料棒在佐治亚州哈奇核电站完成辐照测试。ARMOR 和 3 种 IronClad 包壳棒在克林顿核电站完成安装。

（四）橡树岭国家实验室

橡树岭国家实验室正在研究和开发锆基涂层包壳、FeCrAl 包壳和 SiC/SiC 包壳。实验室研究了市面上 FeCrAl 合金（Kanthal APMT、合金 33）的高温蒸汽抗氧化性，同时对新型 FeCrAl 合金的铬和铝含量进行了优化。橡树岭将继续研究辐照对 FeCrAl 合金力学性能的影响。

2018 年 2 月，由橡树岭实验室开发、全球核燃料公司制造的 C26M 铅试验组件在佐治亚州哈奇核电站 1 号机组完成安装，该组件于 2020 年 2 月取出，其他棒料将进行第二次辐照循环。该实验室还将进行辐照后检验、重构和堆外测试。

（五）爱达荷国家实验室

爱达荷国家实验室的 ATR 正在开展两种辐照试验，分别在 ATR 反射区（ATF－1 试验）和压水堆条件下（ATF－2 试验）测试燃料棒性能。瞬态反应堆试验（TREAT）设施中的瞬态试验也将用于 ATF 燃料开发。

四、商用进展及未来发展方向

2018 年 3 月，美国佐治亚州哈奇核电站 1 号机组安装了耐事故燃料测试组件并重启运行，这是耐事故燃料在商用反应堆中的首次安装（图 3）。同年 9 月，法国法马通公司向美国 Entergy 能源公司的阿肯色核电站 1 号机组供应并安装镀铬燃料棒，标志着耐事故燃料在核电站机组的首次使用。

2019 年 4 月，美国乔治亚州沃格特勒核电站 2 号机组在安装 GAIA 燃料组件后重启运行。该燃料组件是全球首个完整、燃料满载、全尺寸测试的耐事故燃料组件，由法马通公司制造，于 2019 年 1 月完成交付。该燃料的 M5 ® 锆合金包壳上镀有铬涂层，既可提高燃料组件的高温抗氧化性能，又可减少失水事故期间的氢气生成量。2019 年 9 月，美国拜伦核电站 2 号机组安装了西屋电气公司的 EnCore 耐事故核燃料，这是 EnCore 燃料棒组件首次在商用堆完成安装。该测试组件包含增强抗氧化和耐腐蚀能力的镀铬锆合金包壳、改进燃料经济性的高密度 ADOPT™ 芯块，以及硅化铀芯块，可以显著提高核燃料的安全性，并可以提高核电站运行的经济性。

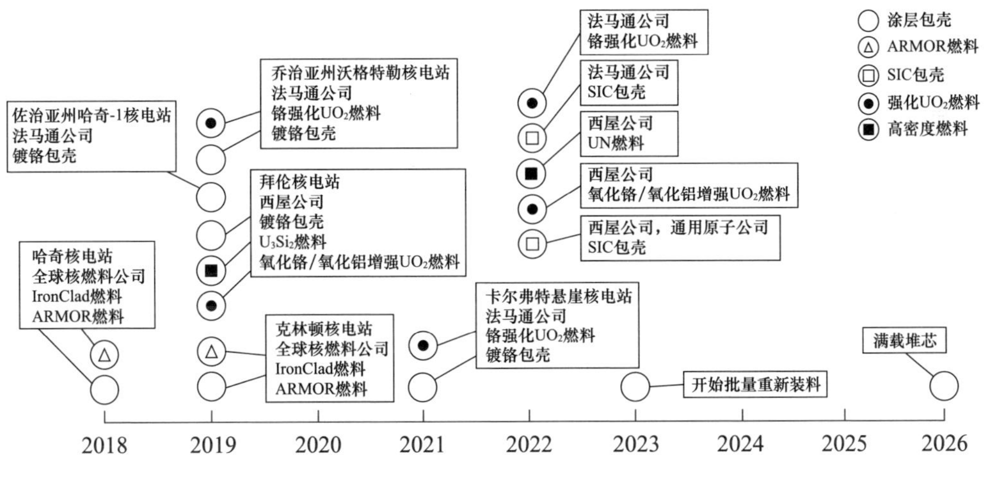

图 3　耐事故燃料商用关键时间节点

2020 年 2 月，佐治亚州哈奇核电站 1 号机组的耐事故燃料完成了 24 个月的燃料循环，并开始对 IronClad 和 ARMOR 两种 LTR 的样本进行测试。IronClad 组件包壳材料是铁—铬—铝，在一系列条件下具有抗氧化性和极好的材料性能。ARMOR 组件是在标准锆燃料棒包壳上增加了涂层，其抗氧化性更高。

2020 年 9 月，西屋电气公司的西班牙 ENUSA 分公司在比利时多伊尔核电站 4 号机组安装了 EnCore 耐事故核燃料的铅测试组件。这是 EnCore 耐事故核燃料组件在全球第二次、欧洲首次实现在商用核电站的成功安装。西屋公司提供了二氧化铀粉末和部件，ENUSA 公司提供的是二氧化铀颗粒、燃料组装和运输。

2021 年 2 月，乔治亚州沃格特勒核电站 2 号机组的 GAIA 燃料组件完成了为期 18 个月燃料循环示范，这是全球首个包含燃料芯块和包壳的标准长度核燃料组件完成的燃料循环。未来，此批燃料组件还将经历两次为期 18 个月的燃料循环，并在结束后进行详细检查和测量。2021 年 3 月，法马通公司为美国蒙蒂塞洛核电站提供增强型耐事故燃料，这是法马通首次为沸水堆交付增强型耐事故燃料棒原型。

五、结束语

耐事故燃料与标准 UO_2-Zr 燃料体系相比较，能够在相当长一段时间内容忍堆芯失水事故，并且在正常运行工况下维持或提高燃料的性能。美国耐事故燃料计划由美国能源部主导和出资，目标是在 2022 年前将 SIC 包壳、带涂层锆包壳以及 U_3Si_2 芯块的耐事故燃料先导试验棒和组件安装到商用反应堆中。

（中国核科技信息与经济研究院　李晓洁　马荣芳）

英国分离钚管理和处置

据国际易裂变材料网站 2021 年 8 月 31 日报道，截至 2019 年 12 月 31 日，英国已拥有分离钚数量达 115.8 吨。这一数字包括 4.4 吨被转移到民用库存的军用钚。英国目前在塞拉菲尔德拥有 B－205 后处理厂，该后处理厂对来自第一代“Magnox”反应堆的金属天然铀燃料进行后处理，最后一个反应堆于 2015 年关闭。

英国 Magnox 和 AGR 核电站以及一些海外能源公用事业公司在对乏燃料的大规模后处理后，产生了大量的分离钚。英国政府高度重视分离钚的管理和处置问题，与英国核退役管理局（NDA）共同制定方案解决分离钚的存留问题。

一、分离钚的库存整合

英国分离钚储存在两处场址，即敦雷和塞拉菲尔德。NDA 已做出战略决定，将所有钚库存整合到塞拉菲尔德钚管理中心，以便更好地管理，并提高敦雷核电站的退役和修复工作效率。后处理将乏核燃料分离成铀、钚和废品。英国几乎所有的分离钚库存都在塞拉菲尔德，敦雷存有的数量相对较少，其中约23吨为外商所有，主要（但不完全）由日本公用事业公司拥有，并根据长期合同管理。

由于材料的放射性和裂变性质，分离钚的处理和储存需要专门的设施和严格的管理安排。NDA的分离钚库存完全按照《核材料实物保护国际公约》的要求进行储存。由独立核监管办公室（ONR）负责监管英国全部的核安全和安保。钚的储存只能用于和平目的，并严格按照英国与国际原子能机构（IAEA）签订的自愿性国际保障协定进行管理。欧洲原子能共同体和IAEA密切监测库存情况。英国退出欧盟后，ONR将负责确保英国遵守这些协议。

NDA最初提议在敦雷建造一个专门的分离钚包装设施，以便将分离钚运输到塞拉菲尔德。调整改进方案后，分离钚将被直接运到塞拉菲尔德进行处理和重新包装，然后再转移到塞拉菲尔德产品和残留物储存库（SPRS）进行长期储存。该方案提供了安全与交付的最佳平衡，并能够在有最多的专业知识和管理经验的地方处理分离钚。塞拉菲尔德已经开发了一些处理分离钚的设施，并进一步优化，以便能够及时交付。

二、分离钚的储存

由于分离钚的规模较大，任何长期处置解决方案都需要几十年才能实施，NDA计划在一套特制的设施中储存分离钚，确保其安全和安保符合监管要求。

塞拉菲尔德有很多分离钚储存库，第一代分离钚工厂和储存库建于20世纪50年代，用于支持后处理操作。由于年久失修，NDA决定将老旧储存库中的分离钚重新包装。英国计划未来几十年内将所有分离钚转移到塞拉菲尔德产品和残留物储存库（SPRS）及其扩建库中。为确保分离钚可安全储存在 SPRS 中，在适当情况下，还将对一些分离钚进行必要性处理，以去除可能缩短货包使用寿命的污染物，使其与长期储存条件兼容。

此外，还在这些老旧设施中实施了一项重要的资产保护计划，以支持其运营，直到其停止使用并退役。塞拉菲尔德实施了强化的货包检查计划，并确定了容器类别，特别是一些已长期使用过的容器，这些容器不适合再进行长期储存，应立即重新包装。

由于需要降低风险，并确保其得到持续安全管理，大多数此类容器将在现有工厂中重新包装。在使用新塞拉菲尔德残留物储存库（SPR）的过程中，需先处理这些容器内的物品，然后重新包装到适合在现有 SPR 中长期储存的容器中。

NDA 为确保分离钚持续安全储存，根据正在开发的长期分离钚处置方案，SRP 计划在 10 年内建造出可为分离钚提供特定重新包装的设施并投入运行，该设施还可在适当的情况下回收所有分离钚包装。

为行之有效地完成分离钚的处理工作，塞拉菲尔德与 ONR 共同合作对这一工作计划进行进一步的监督管理。

三、分离钚的处置

英国政府与 NDA 合作，旨在找到一种解决方案，以解决分离钚的存留问题。方案包括混合氧化物燃料（MOX）在核反应堆中再利用和固化产品。这两种方案都将减少分离钚储存期间的长期安全负担，并确保其适合在地质处置设施（GDF）中处置。在处置路线确定之前，这些分离钚将保持安全可靠的无限长期储存状态。

从高层次来看，两种截然不同的方案如下：

（一）在反应堆中作为燃料再利用，然后在地质处置设施中处理

1. 在轻水堆（LWR）中作为混合氧化物再利用

混合氧化物（MOX）燃料是一种使用钚和铀氧化物混合制造的核燃料。这需要建立一个 MOX 工厂，将分离钚转化为核燃料，供给轻水堆核电站。

为此，已经制定了生命周期实施方案，以及交付该方案所需的工厂和流程的相关成本和进度估计。考虑到材料范围限制以及从生产以来所耗费的时间，对仍适合作为 MOX 燃料再利用的钚库存进行了评估。此方案可以管理大部分库存（高达 95%），并且经济性良好，再利用可行度高，易通过监管审查许可。

然而，该方案存在重大风险和不确定性，因为它从根本上取决于英国是否有合适的新反应堆，以及运营商是否愿意使用 MOX。由于 MOX 燃料厂的总体设计取决于许多反应堆特有的因素，运营商根据适当条款做出的承诺将成为决定方案是否可行的先决条件。

2. CANDU 反应堆的再利用

CANMOX 解决方案由 SNC Lavalin 领导的联合体提供。这种方案将包括在英国建造一个 CANMOX 燃料工厂和至少两个 CANDU EC－6 反应堆来辐照燃料。

经评估该方案具有一定的可行性。然而，并没有明确的证据表明这种方案比在轻水堆中作为 MOX 燃料再利用简单或更具成本效益。CANMOX 燃料制造厂的费用估算与轻水反应堆 MOX 燃料工厂的估算大致相同，但存在更大的技术和实施风险，主要是因为 CANMOX 燃料的生产尚未在工业上规模化。此外，目前并没有在运 CANDU 反应堆达到 SNC Lavalin 为该方案提

议的燃料辐照水平。

3. PRISM 反应堆中的再利用

NDA 审议了由美国通用电气—日立核能公司（GEH）提出的建造一座燃料制造厂和 PRISM 以辐照钚合金燃料的提案。由于从未建造过 PRISM 反应堆或燃料厂，因此 NDA 考虑的提案假设反应堆和燃料厂都是各领域最前沿的研究项目。

与 MOX 燃料方案相比，这种方案在理论上有一些好处。GEH 提出的 PRISM 快堆在商业上是可行的，“可随时部署”，并且能够快速处置全部钚存量。然而，NDA 与 GEH 在过去几年的研究表明，该方案的技术成熟度较低，还需制定一个重大的研发计划，否则无法保证成功。

虽然这些研发要求很广泛，但也得到了合理的理解。然而，燃料制造设施所需的工作只是初步方案，该提议基于在扩大规模和实现工业化之前无需进一步的钚活性测试。根据 GEH 的提议，NDA 也要承担这一重大技术风险。

此外，ONR 和环境局（EA）的监管审查强调，这种方法在所有领域都存在巨大的许可风险。与其他备选方案相比，该方案不具有经济性，同时也反映了提案中部分技术和许可的不确定度。

（二）固化，然后在地质处置设施中处理

英国民用钚库存多种多样，包括历史废料、残留物和其他受污染的材料。无论整体解决方案如何，其中一部分钚不适合用作燃料，必须进行固化处理。NDA 正逐步确认需要固化的比例，以及继续开发可以固化和处置全部库存的方法。

鉴于库存的多样性，目前正在研究多种不同的方法，以便部分或全部库存能以适合在地质处置设施中最终处置的形式进行固化。

正在审查的3个主要方案：

（1）热等静压（HIP），用以生产整体陶瓷产品。

（2）与制造混合氧化物相似的压制和烧结工艺，用以生产芯块。

（3）在英国用于中放废物的水泥基质中封装。

NDA还继续监测部门内外的技术发展，以确定其是否为可能的固化工艺带来任何益处。

将钚固化为陶瓷产品（作为整体块制造），预计可生产出一种高度耐用的产品，适合在地质处置设施进行处置。这种方法目前被认为适用于氧化钚粉末或一些更难的残留物的固化。

NDA在过去10年资助过的工作表明，可使用一种称为热等静压（HIP）的技术来固化钚。这种技术基本上是将钚与无机前体混合，然后将其置于高温高压下，产生岩石状的钚产品。然而，与作为混合氧化物再利用相比，这项技术的技术成熟度相对较低，尽管该产品可以在地质处置设施中进行处置。

将钚固化为陶瓷产品需要新的工业规模的设施，其规模类似于再利用所需的设施。还需要专门设计储存库来储存固化的废物包装，可能至少要储存几十年，直至地质处置设施可用为止。这种方法可以在塞拉菲尔德实施，然后将废物运到地质处置设施之中。

NDA曾就两种方案做过公众咨询，英国政府得出结论：首选政策是将绝大多数库存的分离钚作为混合氧化物在核反应堆中再利用，不能转化为混合氧化物的剩余分离钚将其固化，随后作为废物处理。但并非所有库存都可以再利用，因此，都需要制定一种固化分离钚的方案，以便在处置前储存。英国政府尚未有足够的信心确认任何一种方案能够行之有效且满足经济性地解决此问题。

NDA 已告知政府，对分离钚的处置方案都缺乏深度调研，无法付诸实施。且不同的处理技术在成熟度方面也不尽相同，还需要进一步深度调研分析。NDA 还将与政府合作，就再利用方案和固化方案商定一个多年工作计划。

四、结束语

英国将对分离钚进行整合，确保所有分离钚贮存在塞拉菲尔德产品和残留物储存库（SPRS）中，便于更好管理。为确保分离钚安全储存，计划在塞拉菲尔德建造可为分离钚提供特定重新包装的设施。

英国政府与 NDA 合作解决分离钚的处置问题，现有分离钚再利用和固化两种方案尚缺少深度调研，无法实践，还需继续对此问题进行进一步分析，寻找行之有效的解决方案。

（中国核科技信息与经济研究院　张馨玉　马荣芳）

FULU

附 录

2021 年先进材料领域科技发展十大事件

一、美国麻省理工学院首次开发出可编程数字纤维

2021 年 6 月，在美国陆军士兵纳米技术研究所、陆军研究办公室、国防威胁降低局等机构支持下，麻省理工学院首次开发出可编程数字纤维（图 1）。这种数字纤维是将数百个方形硅微型数字芯片放入聚合物预制件中，然后精确控制聚合物的流动，最终制成长达数十米、内部芯片间具有连续电连接的纤维。这种数字纤维内含温度传感器、存储设备和神经网络，能够感知、存储、分析和预测人体活动；还可以编写、存储和读取数字信息，包括 767 千字节的全彩短片和 0. 48 兆字节的音乐文件，这些文件可在没有电源的情况下保存两个月。数字纤维很薄且具有柔性，洗涤 10 次以上也不会损坏。将这种数字纤维用于军服时，可以收集和存储多天的体温数据，并通过数字纤维中具有 1650 个神经元连接的神经网络，以 96% 的准确率实时预测士兵身体活动，执行生理监测、医疗诊断和早期疾病检测等功能，为实现首套数字化智能军服开辟道路，大幅提高士兵生存力和战斗力。

图1　麻省理工学院开发出可编程数字纤维

二、美国开发适用于增材制造的新型高强度钴镍高温合金

2021年1月，美国橡树岭国家实验室开发出一种适用于增材制造的新型高强度、低缺陷钴镍基高温合金SB－CoNi－10，研究结果发表在《自然》杂志上。这种合金是在一种传统镍基高温合金中加入了钴元素，经过真空感应熔化和氩气雾化工艺制备得到的一种合金粉末，可适用于电子束选区熔化和选择性激光熔融工艺进行无裂纹3D打印，合金的极限抗拉强度达1.28吉帕，明显优于IN738LC（1.01吉帕）和CM247LC（1.19吉帕）等传统镍基合金，且具有更均匀的晶粒结构，而钴元素的加入可以降低增材制造工艺中反复加热与冷却成形时产生裂纹的概率。该材料有望突破传统镍基高温合金从精密铸造到增材制造过渡的壁垒，为飞机发动机和燃气轮机涡轮叶片等结构部件灵活高效制造开辟新途径，在军事、航空航天、核工业等一系列行业中提供更大的适用性。

三、美国开发新算法使高熵合金设计速度提高1万倍

2021年1月，美国爱荷华州立大学艾姆斯实验室和里海大学研究团队

开发出一种新型布谷鸟搜索算法，可将高熵合金成分设计的搜索速度提高1.3万倍，时间从数周缩短到几秒（图2）。作为一种新兴材料，高熵合金强度、抗断裂、耐腐蚀、抗氧化性能十分突出，能够很好地适应高温高压极端环境，在航空航天、核工业及国防领域具有巨大应用潜力。但是，高熵合金至少由5种以上不同元素组成，众元素之间相互组合，可形成数以亿计的配方，很难通过实验验证的方法确定配方，开发成本居高不下。新开发的布谷鸟搜索算法是一种群智优化算法，采用随机的方式从可能的备选方案中寻求最优解。该算法克服了高熵合金建模设计的瓶颈，可完成数量庞大的方案设计，加快合金设计模型的生成，有利于创建先进的合金系统，促进高熵合金等先进合金系统在武器装备上的快速应用。

图2　美国利用布谷鸟搜索算法开发高熵合金

四、俄罗斯制备出高性能石墨烯－陶瓷复合热障涂层

2021年9月，俄罗斯科学院无机化学研究所、力学问题研究所、冶金与材料科学研究所联合开发出一种石墨烯改性的二硼化铪－碳化硅复合陶瓷热障涂层，并研究了涂层长期（2000秒）暴露在超声速气流下的抗氧化性能。实验发现，添加石墨烯后，二硼化铪－碳化硅复合陶瓷在779瓦/厘米^2

高热通量气流加热下，表面温度不超过1700℃，与未添加石墨烯的二硼化铪-碳化硅陶瓷体系相比（图3），降低了650~700℃。这是由于加入石墨烯提高了材料的热导率，显著抑制了二硼化铪—碳化硅耐高温陶瓷在超声速气流下的性能衰减。该技术可以解决当前耐高温复合陶瓷材料断裂韧性和抗热震性不理想、不能在循环加热模式下使用、实际使用可靠性较低等问题，将进一步推进复合陶瓷热障涂层在高超声速飞行器和火箭推进系统热负荷部件上的应用。

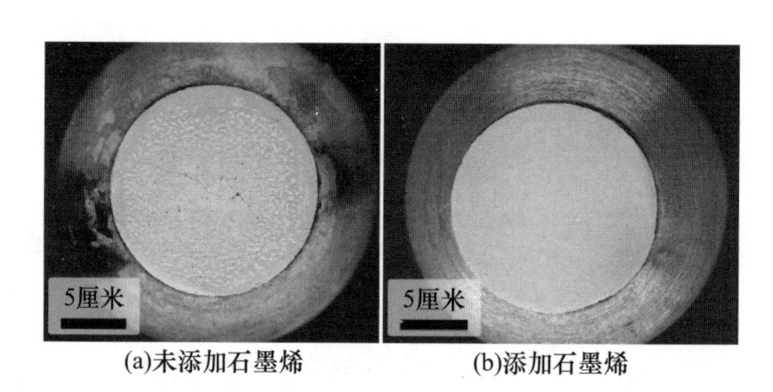

(a)未添加石墨烯　　(b)添加石墨烯

图3　暴露于超声速气流下热障涂层表面形态对比

五、NASA为未来太空任务开发先进的可展开复合材料吊杆

2021年6月，NASA开发出一种可展开轻型复合材料吊杆，用于2022年发射的“先进复合材料太阳帆系统”（ACS3）任务，以验证首次将复合材料吊杆应用于近地轨道太阳帆上的可行性。该复合材料吊杆由碳纤维增强聚合物复合材料制成（图4），比传统金属吊杆轻75%，受热时的热变形为金属吊杆的百分之一；可在发射时折叠或卷在线轴上，紧凑储存于航天器内；发射到太空后可自行展开，展开后仍能保持形状和强度，可抵抗由于

图4　可展开复合材料吊杆

温度剧烈变化而产生的弯曲和翘曲。该复合材料吊杆将由携带“先进复合材料太阳帆系统”的12U 立方星（尺寸为23 厘米×23 厘米×34 厘米）进行部署，未来可用于展开面积约500 米^2 甚至更大的太阳帆，将用于支持载人太空探索、太空天气预警卫星和小行星碰撞预警等任务的通信中继。

六、美国陆军开发出3D 打印高强度镁合金结构

2021 年3 月，美国陆军研究实验室与中佛罗里达大学合作，开发出3D 打印高强度镁合金结构（图5）。该研究使用的镁合金是WE43 镁合金，这是一种高强度铸造镁合金，包含钇、钕、锆元素，抗蠕变性能好，使用温度高达300℃，抗拉强度达250 兆帕，具有出色的力学性能和耐腐蚀性。研究团队通过设计镁合金微网格结构，优化网格单元类型、网格支杆直径和单元格数量，利用激光粉末床熔融3D 打印工艺，制造出24 种不同的微网

格结构，并对镁合金微网格结构的抗压强度和失效模式进行了表征，确定了最佳工艺参数及结构件的压缩性能和断裂模式。未来，陆军研究人员将评估3D打印镁合金的高应变率性能和弹道性能，并将其用于超轻无人机和无人车上。该研究成果能实现密度更高的镁合金结构，大幅减轻未来士兵装备零部件重量，在战场上按需交付关键零部件，减轻后勤负担，满足美国陆军武器系统关键的减重需求。

图5　3D打印的镁合金微网格结构

七、美国开发可承受超声速微粒撞击的“纳米结构”超轻材料

2021年6月，受美国海军研究署资助，麻省理工学院、加州理工学院、苏黎世联邦理工学院的研究人员合作，制备出可抵抗超声速微粒冲击的超轻碳纳米材料（图6）。制备过程是先采用双光子光刻技术打印出具有复杂十四面体结构的聚合物前驱体；经900℃热解后体积收缩75%，形成由13500个晶胞组成的热解碳纳米材料。为验证该材料的抗冲击性能，利用直

径 14 微米的二氧化硅颗粒对试样进行了一系列高速（30 ~ 1200 米/秒）撞击试验。结果表明，对于相对密度为 23% ±3% 的试样，颗粒速度为 515 米/秒时表面开始出现塌陷，速度达到 820 米/秒时颗粒完全陷入其中，继续提高速度试样仍未被击穿；在相同冲击功下，其抗冲击性能比纳米聚苯乙烯高 75%，比凯夫拉复合材料高 72%。这种碳纳米材料有望替代凯夫拉复合材料等传统抗冲击材料，用于制造轻质装甲、防护涂层、防爆盾牌等，将解决当前由金属或陶瓷等防爆材料制成的防护装备自重大、舒适性差等问题。

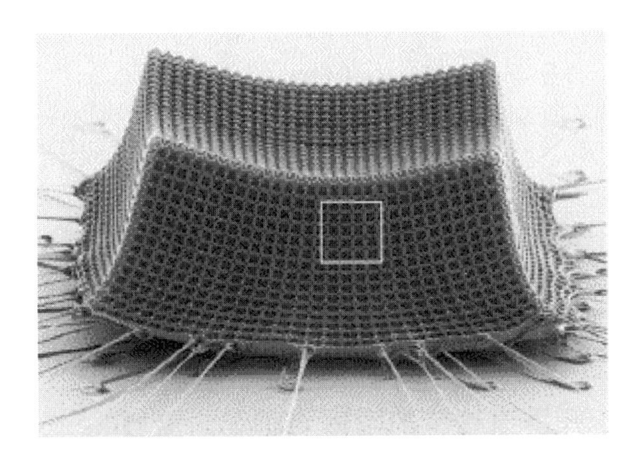

图 6　超轻碳纳米材料试样

八、美国高校制备出超薄自修复超疏水涂层

2021 年 9 月，受美国海军研究署资助，伊利诺伊大学的研究人员研制出新型超疏水涂层。现有超疏水涂层在外部机械损伤下超疏水性易被破坏，导致其实际应用受限。为此，研究人员通过将硼酸加入聚二甲基硅氧烷中制成了一种超薄自修复超疏水涂层，利用聚合物网络链的动态交换可实现快速自修复（图 7）。试验结果表明：该涂层表现出优异的超疏水性，水滴

以 1.3 米/秒的速度撞击涂层时被完全反弹，涂层表面未被浸湿；快速自修复性：表面被刮伤的试样在室温下 30 秒内可完全修复；优异的耐用性：即使存在划痕、针孔等表面机械损伤，其超疏水性仍不受影响。此外，涂层中不含氟，易回收和分解，环保性好。这种新型自修复超疏水涂层克服了当前自修复超疏水涂层存在的耐用性不足、基体较厚等问题，有望加速其在自清洁、抗菌、防雾和热交换等领域的应用。

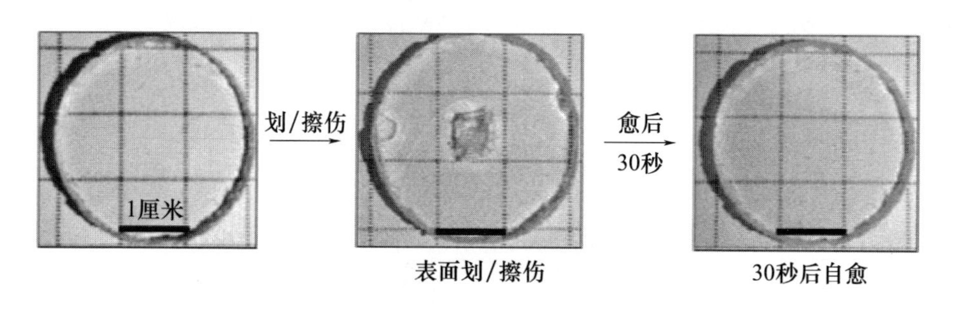

图 7　超薄超疏水涂层室温自修复

九、俄罗斯开发出独特的辐射防护纳米涂层

据俄罗斯卫星通讯社网站 2021 年 6 月 9 日报道，俄罗斯托木斯克理工大学的科学家正在开发一种独特的用于辐射防护的纳米涂层。这种抗辐射材料为锆－铌复合多层结构，每种材料有 5 层，总厚度约为 100 纳米。研究成果已发表在《金属》学术期刊上。辐射的主要危险是带电粒子和中子的作用。俄罗斯科研人员通过实验证实，他们制备的锆－铌多层复合纳米涂层具有自修复功能，能够独立“修复”这些因素造成的缺陷。这种新型抗辐射材料不仅能提高核设施的安全性，还能有效保护电子设备免受辐射损害，大大提高核工业和航天工业中各种材料的抗辐射能力。

十、美军开展复合材料弹壳枪弹大规模测试

2021 年，美国军方集中开展了复合材料弹壳枪弹大规模试验测试（图 8）。1 月，真速公司为美军提供超过 62.5 万发 6.8 毫米复合材料弹壳枪弹，用于在下一代班组武器项目中开展各种试验。5 月，海军陆战队完成 12.7 毫米复合材料弹壳枪弹的实验室环境性能验证，准备进入战场试验阶段。这种复合材料弹壳由重量百分数为 30% ~70% 的增强材料（玻璃纤维、陶瓷纤维、碳纤维或碳纳米管）增强的聚合物（纤维素、尼龙、聚苯砜、聚氨酯预聚物等）制成，在 413.7 兆帕的内弹道压力下不会变形，还可通

图 8　不同口径的复合材料弹壳枪弹

过嵌入陶瓷来承受300℃以上的高温。与传统黄铜弹壳相比，复合材料弹壳可使枪弹减重25% ~40%，有效减轻部队后勤负担；减少轻武器弹药中铜和钢等金属用量，大幅降低弹药生产成本；而且，复合材料弹壳枪弹精度更高，初速更大，弹道效能更好，可减少枪膛和枪管内热量累积，延长枪管使用寿命和持续射击时间。复合材料弹壳枪弹在增强部队远征作战能力方面具有很大潜力，随着美军不断推进复合材料弹壳枪弹的测试与验证，复合材料弹壳枪弹未来有可能大规模替代传统的金属弹壳枪弹。

（中国兵器工业集团第二一〇研究所　郭瑞萍　李静）

（中国航空发动机集团北京航空材料研究所　高唯）

（中国船舶集团第七一四研究所　方楠）

（中国航天系统科学与工程研究院　李虹琳）

（中国核科技信息与经济研究院　马荣芳）

2021 年先进材料领域重要战略规划文件

文件名称	《英国创新战略：创新引领未来》——先进材料与制造		
发布时间	2021 年 7 月	发布机构	英国商业、能源和产业战略部
内容概要	英国商业、能源和产业战略部在 2021 年 7 月发布《英国创新战略：创新引领未来》，出台了推动私营部门投资的新计划，巩固英国在全球创新竞赛中的领先地位。该战略列举了 7 项关键技术，以优先考虑并利用英国现有的研发优势、全球竞争优势和产业实力。其中，先进材料与制造位列这 7 项关键技术的首位。该创新战略指出，实现先进材料批量化制造，并将安全性评估和可持续性发展融入其设计与创新之中，这一点与材料的发现与开发具有同等重要的地位。这一革新对于激发大多数工业领域的创造性也具有至关重要的作用。英国未来在该领域的发展机遇很多，主要包括超材料、二维材料、智能仿生自修复材料和复合材料结构与涂层技术等领域。除先进材料与制造外，其他 6 个关键技术分别为：人工智能、数字和先进计算；生物信息学和基因组学；工程生物学；电子学、光子学和量子学；能源与环境技术以及机器人与智能机器等		

<table>
<tr><td>文件名称</td><td colspan="3">新版《材料基因组计划战略规划》</td></tr>
<tr><td>发布时间</td><td>2021 年 11 月</td><td>发布机构</td><td>美国国家科技委员会</td></tr>
<tr><td>内容概要</td><td colspan="3">2021 年 11 月，美国国家科技委员会发布了 2021 年版《材料基因组计划战略规划》，确立了未来五年的 3 个主要目标，以指导研究团体继续拓展该计划的影响。其中，目标一是统一规范材料创新基础设施，包含 3 个子目标，分别为材料创新基础设施要素建设、培育国家材料数据网络和通过国家级大项目推动材料创新基础设施的运用；目标二是发挥材料数据的作用，就是利用人工智能加速材料研发部署；目标三是教育、培训和组织材料研发人员，也包含 3 个子目标，分别为应对材料研发教育当前面临的挑战、培养下一代材料研发人员和为人才创造机遇。2021 年新版的战略规划则没有涉及具体的材料研究方向，而是更加强调材料基因组计划推动材料创新的潜力，尤其是推动新材料投入使用方面</td></tr>
</table>

<table>
<tr><td>文件名称</td><td colspan="3">2021 年《国家纳米技术发展战略计划》</td></tr>
<tr><td>发布时间</td><td>2021 年 10 月 8 日</td><td>发布机构</td><td>美国国家纳米技术协调办公室</td></tr>
<tr><td>内容概要</td><td colspan="3">2021 年 10 月 8 日，美国国家纳米技术协调办公室（NNCO）发布了 2021 年《国家纳米技术发展战略计划》，其中概述了国家纳米技术发展（NNI）未来五年的目标与行动建议。共 5 个目标，其中，目标一是确保美国在纳米技术研发方面保持世界领先地位；目标二是推动纳米技术研发的商业化；目标三是提供基础设施，以可持续地支持纳米技术的研究、开发与部署；目标四是全民参与，增加纳米技术领域内工作队伍；目标五是确保纳米技术的负责任发展</td></tr>
</table>

文件名称	《增材制造战略报告》		
发布时间	2021 年 1 月 17 日	发布机构	美国国防制造技术规划办公室
内容概要	2021 年 1 月，隶属于美国国防部研究与工程副部长办公室的美国国防制造技术规划办公室发布首个综合性增材制造战略报告，简要分析了制定增材制造战略的目的，明确了增材制造的未来发展愿景、战略目标及发展重点。其战略的目的是有效推动美国 2018 年《国防战略报告》（NDS）摘要中所述的后勤保障和运营改革，支持美国的经济和国防领域继续保持全球主导地位。报告明确了增材制造的五大战略目标，分别为将增材制造集成到国防部和国防工业基础中，协调国防部和外部合作伙伴的增材制造活动，推动和促进增材制造的敏捷应用，通过学习、实践和分享知识以提高增材制造应用熟练程度，以及确保增材制造工作流程的安全		

2021 年先进材料领域重大项目清单

序号	项目名称	主管机构	项目基本情况	研究进展	军事影响
1	复合材料加工和制造技术	美国海军	通过开发纤维增强树脂基复合材料、陶瓷基复合材料、金属基复合材料、碳－碳复合材料的低成本制造技术，加速泡沫、金属蜂窝、巴尔萨木材等加强芯材的性能优化，创新复合材料外部强化方法以及相关黏结技术，提升“弗吉尼亚”/“哥伦比亚”级潜艇、“阿利·伯克”级驱逐舰、“福特”级航空母舰等关键海军平台的隐身性、可靠性和环境适应性，并显著降低全寿期维护成本	2021 年取得以下进展：①开发了用于 CH－53K 的柔性、机器人复合材料制造单元，提高制造工艺的可重复性和零件质量，降低加速生产带来的风险；②开发出用于“阿利·伯克”级驱逐舰和“福特”级航空母舰复合材料甲板的低成本检测技术；③验证了用于“阿利·伯克”级驱逐舰复合材料排气装置的制造技术，目标是实现减重 30%，且不增加采购成本，并降低 60% 的维护成本；④开发出用于 F－35 的自动化光学检测技术和设备	提升舰队的战备水平，降低关键海军平台的采购和维护成本，如开发和验证用于“阿利·伯克”级驱逐舰复合材料排气装置的制造技术，目标是实现减重 30%，且不增加采购成本，并降低 60% 的维护成本

续表

序号	项目名称	主管机构	项目基本情况	研究进展	军事影响
2	先进船用材料	美国海军	通过开展基于集成材料工程的敏捷制造研究，基于定量试验和不同尺度表征开发预测工具，以及增材制造等先进制造技术应用，加速轻质低成本结构材料、换能器用压电材料、防腐材料以及其他高性能材料和部件的设计优化和生产制造	2021年取得以下进展：①提升了压电材料的可靠性，开发出新型连接技术和维修技术，研制出新型结构合金、环保型防腐/防污涂层；②开展了高性能耐用型防腐涂层、耐蚀增材制造部件和耐蚀5000系列铝合金部件的应用研究；③利用三维直写工艺制造出低成本、高质量零件，研制出用于船用发动机的新型热障涂层	支撑舰艇平台的设计优化，促进高能激光武器、先进电子战、先进动力能源系统、无人系统控制系统等关键武器装备和系统的性能提升
3	可展开复合材料吊杆	NASA太空技术任务部	开发可展开碳纤维增强复合材料吊杆，作为各种小型卫星系统的可靠、轻量化、高封装效率的支撑结构，用于各种小型卫星可展开系统，如太阳能阵列、天线、拖曳帆、太阳能帆等	项目由NASA太空技术任务部的“改变游戏规则”计划资助，由NASA兰利研究中心牵头，联合德国航空航天中心（DLR）、北卡罗来纳州立大学、空军研究实验室共同开发。 （1）2016年10月，项目启动；	复合材料吊杆将使大功率太阳能阵列、用于高数据速率通信的大型天线和高推力推进系统能够安装在小型卫星上，以满足军方对于预警卫星、侦察卫星小型化的需求

续表

序号	项目名称	主管机构	项目基本情况	研究进展	军事影响
3				（2）2019 年 10 月，DCB 团队完成了高 18 厘米、长 16 米的复合材料吊杆的制造； （3）2019 年 11 月，DCB 团队将复合材料吊杆交付给 DLR，用于与 DLR 的工程模型吊杆展开机构一起进行封装和展开测试； （4）2020 年 6 月，DCB 团队完成了计算模型开发，并与来自 DLR 的 DCB 交付吊杆刚度和强度测试数据进行了模型关联； （5）计划 2022 年由火箭实验室公司的运载火箭将搭载了复合材料吊杆的航天器发射升空，以进行在轨测试	

续表

序号	项目名称	主管机构	项目基本情况	研究进展	军事影响
4	新型在轨和月球制造、材料和质量高效设计（NOM4D）	美国国防高级研究计划局	第一阶段将采用1兆瓦太阳能电池阵列作为样例，开展对材料和设计的概念验证，以满足严格的结构效率目标；第二阶段的重点是提高技术成熟度并降低风险，在达到结构目标的同时，能够满足100米直径射频反射器样品所要求的高精度；第三阶段将实现精度上的飞跃，使红外反射结构适用于分段式长波红外望远镜。该阶段将在地面制造缩小比例的样件，对项目开发的材料、制造和设计技术进行验证。通过以上三个阶段的研究，开发实现在太空制造大型、精确和弹性国防部系统所需的基础材料、工艺和设计	正在寻找提议者提出质量效率如此之高的系统设计，具有使它们能够承受空间和空间典型的机动、损坏和热循环的功能等	到2030年建成太空生态圈，包括可信赖的后勤、设施和验证能力。具体包括：定期的探月活动；用于在轨结构建造和在轨燃料补充的机器人（如DARPA的地球同步卫星机器人服务项目）；开发在轨无损检测方法，用于制造过程监测、近实时设计调整等

续表

序号	项目名称	主管机构	项目基本情况	研究进展	军事影响
5	英国国家复合材料中心2021—2022年核心研究计划	英国国家复合材料中心（NCC）	以寻找方法帮助英国实现净零碳排放的使能技术为研究目标。专注于实现氢作为零排放燃料的使用，复合材料的回收和再利用以及极端环境下复合结构的设计、复杂热塑性复合材料部件的大批量制造以及材料在极高温度下的性能等。研究内容主要包括：①复合材料低温储氢罐技术；②复合材料压力容器氢渗透性；③复合材料回收和再利用；④复合界面和耐久性；⑤陶瓷基复合材料的自动纤维敷设，使用先进的自动沉积技术，开发低成本的解决方案；⑥耐火结构复合材料等	2021 年 11 月 10 日，英国国家复合材料中心启动了英国国防复合材料技术论坛。该论坛得到国防科学与技术实验室（Dstl）、原子武器机构（AWE）和潜艇运载机构等英国国防部执行机构的支持，BAE 系统公司、洛克希德·马丁公司等行业巨头也参与其中。该论坛讨论国防领域复合材料技术的下一步开发。其目的是促进陆地、海洋和空中作战领域的利益相关者之间的新型复合材料技术的转移，NCC 已经在这些领域确定了常见的材料和制造挑战	下一代武器系统、未来空战、陆基军用车辆以及英国的海军舰艇和潜艇需要制造得更便宜、更轻、更高效，多功能、耐用和安全的复合材料

续表

序号	项目名称	主管机构	项目基本情况	研究进展	军事影响
6	革命性生化防御织物	美国国防高级研究计划局	快速开发能够防御生化战剂的织物，包括 VX 神经毒剂、氯气、埃博拉病毒等，降低当前单兵防护装备的重量和生理负担，保护士兵免受化学和新兴生物威胁伤害，便于士兵更好地执行任务	2021 年 4 月，美国前视红外系统公司获得研发合同，开展 5 年期三阶段研究：第一阶段进行基础技术开发；第二阶段针对备选方案开展测试；第三阶段选定技术最佳方案	革命性生化防御织物中嵌有催化剂和化学物质，可以对抗化学和生物威胁，未来可用于防护服和其他士兵防护装备，使士兵和相关工作人员能够更好地执行任务
7	自适应伪装迷彩和自修复服装	加拿大国防部	设计用于执行各种特定功能的新材料，包括伪装与自修复等功能，利用自修复材料制成自修复服装；开发新材料，取代凯芙拉纤维和陶瓷，用于防弹衣；开发更轻薄、更强韧的材料，防护性能好，穿戴舒适；开发可屏蔽无线电信号的面料，以及可编织到服装里的可打印电子器件	2021 年，加拿大国防部投入 900 万美元进行为期 3 年以上的研究，蒙特利尔理工学院获得 300 万美元资助，卡尔顿大学、马尼托巴大学、英属哥伦比亚大学和舍布鲁克大学分别获得 150 万美元资助	为战场上的士兵提供更好的保护，使之不易被发现，并有助于监测士兵在极端环境中的健康状况，提高士兵生存力

续表

序号	项目名称	主管机构	项目基本情况	研究进展	军事影响
8	下一代战斗机热管理系统	美国雷声技术公司（RTX）研究中心	利用复合材料、增材制造工艺设计，开发新型系统架构、新型封装和集成方法，优化发动机热循环系统，找到发动机在推进、发电和热管理之间进行整合的最有效方法，支撑未来战斗机的性能需要	2021 年 9 月，美国学军航空系统公司与雷声技术公司业务部普惠公司签订一个 2.59 亿美元用于支持洛克希德·马丁公司 LMT F－35 飞机的维护工作的合同，该合同预计在 2024 年 9 月结束。此合同内容包括增加 F－35 发动机的热管理能力	美国空军和美国海军的未来战斗机项目、美国陆军的未来垂直起降（FVL）项目、战场空中机动性以及 F－35 和 F－22 现代化项目将从中获益。还有望应用于商用飞机和地面车辆
9	轻稀土元素分离技术开发	美国国防部	在美国国内建立轻稀土元素分离设施，每年生产近 5000 吨稀土产品，包括约 1250 吨的镨钕，确保美国的稀土供应，加强国防供应链，减少对中国的依赖	2021 年 1 月，授予莱纳斯稀土有限公司轻稀土元素分离技术开发合同；如果项目取得成功，莱纳斯公司将能够生产世界上约四分之一的稀土氧化物	加强美国国内的轻稀土加工能力以巩固美国国内工业基础，确保稀土供应能够满足国家安全需要

续表

序号	项目名称	主管机构	项目基本情况	研究进展	军事影响
10	原子蒸气科学新技术（SAVaNT）项目	DARPA	开发用于电场感应与成像、磁场感应以及量子信息科学的高性能原子蒸汽，提高室温下原子蒸汽的相干性，用于电场和磁场测量装置、室温量子存储器以及需要强原子－光耦合的量子信息装置。基于原子蒸气的测量技术不受制造差异性、缺陷、杂质或老化的影响，适用于小尺寸、轻重量、低功耗、高灵敏度测量装置（如原子钟）以及量子信息系统，未来有望实现重大技术突破	2020 年 9 月，发布广泛机构公告；2021 年 4 月，与冷量子公司签订价值360 万美元的合同；2021 年9 月，选定 8 个研究团队开展项目研究，包括加拿大量子谷创意实验室、冷量子公司、里德堡技术公司、双叶公司、科罗拉多大学、威廉玛丽公司、乔治亚理工学院、马里兰大学	推进基于原子蒸气的高精密电场传感和成像技术、磁场传感技术以及量子信息科学技术在机载电子战、传感器和海军反潜战等领域的应用
11	电镜性能提升项目（EBEAM）	欧盟委员会	通过开展针对能量转换材料、光电材料和量子技术等关键问题的研究，利用自由电子和光场之间的独特相互作用，将他们互补的电子显微镜科学和技术整合到全新的电子显微镜测量模式中，从而将超高光谱和时间控制与亚埃级空间分辨率相结合	该联盟团队由荷兰、德国、比利时、法国和西班牙的 6 家学术机构和两家新兴市场公司组成。使用以前从未在电子显微镜领域使用过的新的相关性和重合模式，推出探索选择规则、低能带结构、微量元素等的新方法	实现电子显微镜领域的的科学新突破、展示其在分析领域新应用以及开发新的电子显微镜原型仪器。实现可再生能源技术、生命科学、通信和量子技术等社会挑战所需的突破性技术。具有很高的经济和战略价值

续表

序号	项目名称	主管机构	项目基本情况	研究进展	军事影响
12	高性能计算项目（HPC）	美国能源部	选定13个机构与国家实验室开展合作，通过先进的建模、模拟和数据分析，提高制造效率，并探索新的能源材料。内容包括利用高性能计算和机器学习建模技术，改进薄膜冷却效果，提高喷气发动机生命周期对镍基合金感应弯管进行建模和仿真；利用增材制造（AM）开发高性能轻量级发动机活塞；开发定向能量沉积技术（DED），实现难熔金属增材制造技术用于大型燃气轮机部件生产；使用HPC设计并制造超高温金属基复合材料，在1010～1232℃温度下获得优异的强度、断裂韧性、抗蠕变性和抗氧化性；使用高性能计算开发并制造具有成本效益的、氧化物弥散强化、富含NiCrFeCo的高熵合金	370万美元已经分配给13家机构及其合作研发的国家实验室	解决美国在制造业和材料开发中面临的关键挑战； 改进增材制造工艺，提高增材制造金属构件的质量和产量，并实现难熔金属增材制造技术在大型燃气轮机上的广泛应用； 提高喷气发动机组件的生命周期效能； 促进超高性能高熵合金、超高温金属基复合材料在航空航天等极端环境使用条件的构件中的应用

续表

序号	项目名称	主管机构	项目基本情况	研究进展	军事影响
13	美国氚现代化与本土铀浓缩项目	美国能源部	该项目由两部分组成：①氚现代化生产、回收技术，以支持国家安全要求；②本土铀浓缩计划负责建立可靠的浓缩铀供应，以支持美国的国家安全和防扩散需求	能源部在继续利用瓦茨巴 1 号反应堆生产氚的同时，2020 年底启用了瓦茨巴 2 号反应堆生产氚，以确保 2025 年前达到每个辐照周期（18 个月）生产 2.8 千克氚的目标。目前，能源部正支持橡树岭国家实验室小型离心机初步级联测试，支持森图斯公司 AC－100M 大型离心机研发与高丰度低浓铀示范性生产工作	该项目的成功实施将为美国军用氚生产提供无保障监督义务的低浓铀，确保国家安全项目的顺利实施